移动应用开发系列教材

Android移动应用开发基础教程（微课版）

陈汉伟　汪婵婵　李　雨　主　编

金恩曼　韩露莎　叶　伟　副主编

朱莉莉　周秀霞　参　编

電子工業出版社

Publishing House of Electronics Industry

北京・BEIJING

内 容 简 介

本书基于参与式教学模式设计了典型的场景化岗位项目和学习任务，学习任务按“任务场景→任务目标→任务准备→任务演练→任务拓展→任务巩固→任务小结”编写，基于 Android Studio 循序渐进地阐述 Android 应用开发的基础知识、关键技术和常用案例。内容涉及 Android 基础知识、用户界面（User Interface，UI）、数据存储、SQLite 数据库、Activity 组件、Service 组件、BroadcastReceiver 组件、ContentProvider 组件、网络编程等，包括 16 个任务、48 个子任务（包含 16 个开放式子任务）。本书从基本的环境搭建出发，依托布局技术激发学生学习兴趣，通过学习四大组件深化课程内涵，通过网络编程注入课程灵魂，并通过综合训练固化已有成果。

本书适合作为高等院校计算机相关专业的移动应用开发教材、移动应用开发初学者的培训教材或参考书。

图书在版编目（CIP）数据

Android 移动应用开发基础教程：微课版 / 陈汉伟，汪婵婵，李雨主编 .—北京：电子工业出版社，2024.6
ISBN 978-7-121-47686-0

Ⅰ.① A… Ⅱ.①陈… ②汪… ③李… Ⅲ.①移动终端—应用程序—程序设计—高等学校—教材 Ⅳ.① TN929.53

中国国家版本馆 CIP 数据核字（2024）第 073835 号

责任编辑：薛华强　　特约编辑：倪荣霞
印　　刷：大厂回族自治县聚鑫印刷有限责任公司
装　　订：大厂回族自治县聚鑫印刷有限责任公司
出版发行：电子工业出版社
　　　　　北京市海淀区万寿路 173 信箱　　邮编：100036
开　　本：787×1092　1/16　　印张：15　　字数：403.2 千字
版　　次：2024 年 6 月第 1 版
印　　次：2024 年 6 月第 1 次印刷
定　　价：55.00 元

凡所购买电子工业出版社图书有缺损问题，请向购买书店调换。若书店售缺，请与本社发行部联系，联系及邮购电话：（010）88254888，88258888。

质量投诉请发邮件至 zlts@phei.com.cn，盗版侵权举报请发邮件至 dbqq@phei.com.cn。

本书咨询联系方式：（010）88254569，QQ1140210769，xuehq@phei.com.cn。

PREFACE

前言

随着移动互联网的普及和技术的不断进步，移动应用程序已经渗透到我们生活的方方面面，它在社交、教育、娱乐等领域为我们提供了前所未有的便捷和丰富多样的功能，是助推数字经济发展的重要力量。本书以岗位工作内容为基础，基于 BOPPPS 教学模式编写成果导向的移动应用开发任务式驱动教材，可按照理论“够用、实用”的教学原则，选择“理论实践一体化教学”的方法，采用“任务驱动”的教学模式，使学生具备 Android 应用程序开发的知识与素养。

本书按“任务场景→任务目标→任务准备→任务演练→任务拓展→任务巩固→任务小结”编写，基于 Android Studio 循序渐进地阐述 Android 应用开发的基础知识、关键技术和常用案例。内容涉及 Android 基础知识、用户界面、数据存储、SQLite 数据库、四大组件、网络编程、高级编程等，包括 6 个知识单元、16 个任务、48 个子任务（包含 16 个开放式子任务）。

本书的主要内容如下：

任务 1 介绍 Android 开发的环境搭建、项目创建和项目的目录结构。

任务 2 到任务 6 介绍 Android 中的常见布局和常见的界面组件。

任务 7 到任务 12 介绍 Android 中的界面切换方式、数据存储方法、数据共享和广播机制。

任务 13 到任务 16 介绍 Android 中的网络访问、事件机制和后台服务。

本书注重合理安排内容结构，具有系统全面、条理清晰、图文并茂、通俗易懂、实用性强的特点。无论您是在校学生、希望转变职业道路的专业人士，还是对移动技术充满热情的自学者，希望这本书能够激发您的好奇心和创造力，帮助您在移动应用开发的旅程中迈出坚实的一步。

本书是温州市职业教育区域特色教材建设项目的教学改革成果，同时也得到了浙江安防职业技术学院的大力支持。

本书配有微课视频，读者可扫描书中的二维码进行观看。

本书由浙江安防职业技术学院陈汉伟、汪婵婵、李雨担任主编，金恩曼、韩露莎、叶伟担任副主编，参与编写工作的还有朱莉莉、周秀霞。

由于编者水平有限，书中难免存在不足之处，恳请读者批评指正。

编者

CONTENTS

目录

任务 1 我的第一个 Android 应用程序

任务 2 使用线性布局进行界面设计

任务 3 使用相对布局进行界面设计

8 任务 8 Fragment 组件

9 任务 9 文件存储

10 任务 10 数据库存储

11 任务 11 内容提供者

12 任务 12 广播机制

13 任务 13 网络访问

14 任务 14 事件处理

15 任务 15 动画

16 任务 16 服务的应用

任务 1
我的第一个 Android 应用程序

任务场景

2020 年开始，移动互联网迎来崭新的 5G 时代。伴随着 5G 逐步成熟，以 5G 为代表的移动通信技术有力地推动了人工智能、物联网、大数据、云计算等技术蓬勃发展，将人与人的通信延伸到人与物、物与物的智能连接。

5G 有三大特征：一是大带宽，能够在人口密集区为更多用户提供更快的传输速度，支撑高清视频、虚拟现实技术用于视频媒体、影音娱乐领域的虚拟和增强现实应用和游戏场景应用，带动消费升级；二是低时延、高可靠通信，主要面向工业互联网、智能制造、自动驾驶、智慧能源等领域，支撑制造业转型升级、高质量发展；三是海量物联网通信，主要面向智慧城市、环境监测、智能农业、森林防火等以传感和数据采集、实时解析为目标的物联网领域，提高社会管理效益和增强安全防护能力。

上述场景将会衍生出形式多样、内容丰富的移动应用，在未来的移动智能化时代，移动应用开发也将趋于便捷化、数字化、智能化，起到连接世界的重要作用。

寄语：时局百年未有之，核心技术定胜负。尽管我国的科技有了长足的进步，但是一些核心技术还没有掌握在自己手里，探索钻研自主可控的国产技术十分重要。

任务目标

（1）了解 Android 的发展历史和基本框架。

（2）掌握 Android 项目的创建方法。

（3）熟悉 Android 项目的目录结构。

（4）掌握 Android 项目开发的基本编程方法。

（5）了解 Android 项目中的资源类型和尺寸单位。

任务准备

微课视频

1. Android 的发展历史

Android 这个词最先出现在法国作家维里耶德利尔·亚当在 1886 年发表的科幻小说《未来夏娃》中，作者把外表像人类的机器起名为“安德罗丁”（Android）。

而安卓的创始人则是大名鼎鼎的安迪·鲁宾，1963 年出生于美国纽约州，1986 年获得纽约州尤蒂卡学院计算机学士学位，之后加入卡尔蔡司担任机器人工程师。1989 年到 1992 年，安迪·鲁宾在苹果担任软件工程师，工作期间，由于喜欢研究机器人，还得到了一个外号：Android（机器人）。

2003 年 10 月，安迪·鲁宾联合几位朋友创建 Android 公司，自己也把所有积蓄投入其中。起初，Android 主要针对数码相机开发操作系统，没有引起投资者的兴趣。由于很喜欢机器人这个称呼，安迪·鲁宾购买了 http://Android.com 作为个人网站的域名。

随后，安迪·鲁宾把 Android 的商业计划确定为免费向手机生产商开放，然后向运营商出售增值服务。但 Android 的经营一直不太良好，关键时间安迪·鲁宾还得靠朋友的资助才能维持公司的运营，因此只好寻找投资。2005 年，谷歌公司正式收购 Android。2007 年 11 月，谷歌展示了 Android 系统，并宣布建立一个联盟组织——开放手持设备联盟（Open Handset Alliance）来共同研发改良 Android 系统。2008 年 9 月，谷歌发布了 Android 1.0，并正式对外发布第一款 Android 手机 HTC G1，又名 HTC Dream。

2009 年 4 月，Android 1.1 发布 3 个月后，Android 1.5 发布，这也是第一个有公共代号的版本：纸杯蛋糕 Cupcake。从这个版本开始，Android 每次会以英文字母的顺序，以甜点作为版本代号：纸杯蛋糕 Cupcake、甜甜圈 Donut、松饼 Eclair 等。直到 Android 10 开始，Android 不再按照甜点的字母顺序命名，而是转换为版本号。

2. 移动通信技术发展

移动应用的蓬勃发展离不开移动通信技术的飞速发展，目前的移动通信技术已经更新到第五代，5G 时代已经到来。

第一代移动通信技术即 1G，是 1986 年在美国芝加哥诞生的，它采用模拟信号传输。将电磁波进行频率调制后，将语音信号转换到载波调制的电磁波上，载有信息的电磁波发射到空间后，由接收设备接收，并从电磁波上还原语音信息，这样就完成了一次通话。这种通信方式保密性差，容量低，通话质量也不行，信号不稳定。

与 1G 时代相比，2G 移动通信技术更进一步。它将语音信息变成数字编码，通过数字编码传输语音信息，然后接收端的调制解调器进行解码，把数字编码还原成语音，从而实现语音通话。1G 向 2G 的升级，实现了从模拟调制阶段到数字调制阶段的跨越。虽然 2G 语音的品质较差，但与 1G 相比，2G 增加了数据传输服务，而且数据传输速率达到了 9.6～14.4 kbit/s，最早的文字短信、来电显示、呼叫追踪也从此开始了。除此以外，2G 具有更高的保密性，系统的容量也得到了扩大。从这个时代开始，手机真正进入了可以上网的时代。1994 年，中国联通正式建成，是我国第二家移动通信公司。2002 年，中国联通正式开始了 CDMA 的运营，也是我国最早使用码分多址（Code Division Multiple Access，CDMA）技术的公司。

3G 时代与 2G 时代相同，依旧采取数字传输技术，不同的是，3G 通过开辟新的电磁波频谱、制定新的通信标准，使数据传输速率有了更大的提高，达到了 384 kbit/s，在室内稳定的环境下，数据传输速率甚至可以达到 2 Mbit/s。另外，由于 3G 采用的频带更宽、系统容量更大、传输的稳定性更高，所以在传输过程中对大数据的传输更为普遍，能够实现全球范围的无缝漫游，为用户提供包括语音、数据和多媒体等多种形式的通信服务。因此，3G 时代被认为开启了移动通信新纪元。2009 年 1 月 7 日，我国颁发了 3 张 3G 牌照，分别是中国移动的 TD-SCDMA、中国联通的 WCDMA 和中国电信的 CDMA2000，由此我国正式进入 3G 时代。

4G 比 3G 更胜一筹，使通信产业的发展更进一步。4G 几乎能够满足所有用户对无线服务的需求。此外，4G 还可以弥补有线电视调制解调器没有覆盖地市的短板。在这方面，4G 有着明显的优势。对用户来讲，在移动通信发展的不同时代，最大的区别就是 4G 时代信息传输速度更快。在 3G 的基础上，4G 传输速率有了非常大的提升，理论上网速是 3G 的 50 倍，最大传输速率为 100 Mbit/s。这样，用户可以借助 4G 实现高清电影的观看，以及大量数据的快速传播。2013 年，工业和信息化部在其官网上宣布向中国移动、中国联通、中国电信颁发“LTE/ 第四代数字蜂窝移动通信业务（TD-LTE）”经营许可，至此，中国的移动互联网网速达到了一个全新的高度。

4G 技术的出现使移动通信宽带和能力有了一个质的飞跃。每个时代的出现，都会基于一定的技术基础，同时还会衍生很多创新业务和产品，以及应用场景。5G 比之前的 1G、2G、3G、4G 有更特殊的优势。5G 不仅具有更高的传输速率、更大的带宽、更强的通话能力，还能融合多个业务、多种技术，为用户带来更智能化的生活，从而打造以用户为核心的信息生态系统。因此，可以说 5G 时代是一个能够实现随时、随地、万物互联的时代。从目前的发展来看，5G 与前面其他 4 个移动通信时代相比，并不是一个单一的无线接入技术，也不是几个全新的无线接入技术，而是多种无线接入技术和现有无线接入技术集成后的解决方案的总称。5G 的发展已经能够更好地扩展到物联网领域。

3. Android 体系架构

Android 系统的体系架构分为 4 层：Linux 内核层、系统运行库层、应用程序框架层、应用程序层，Android 系统的体系结构如图 1-1 所示。

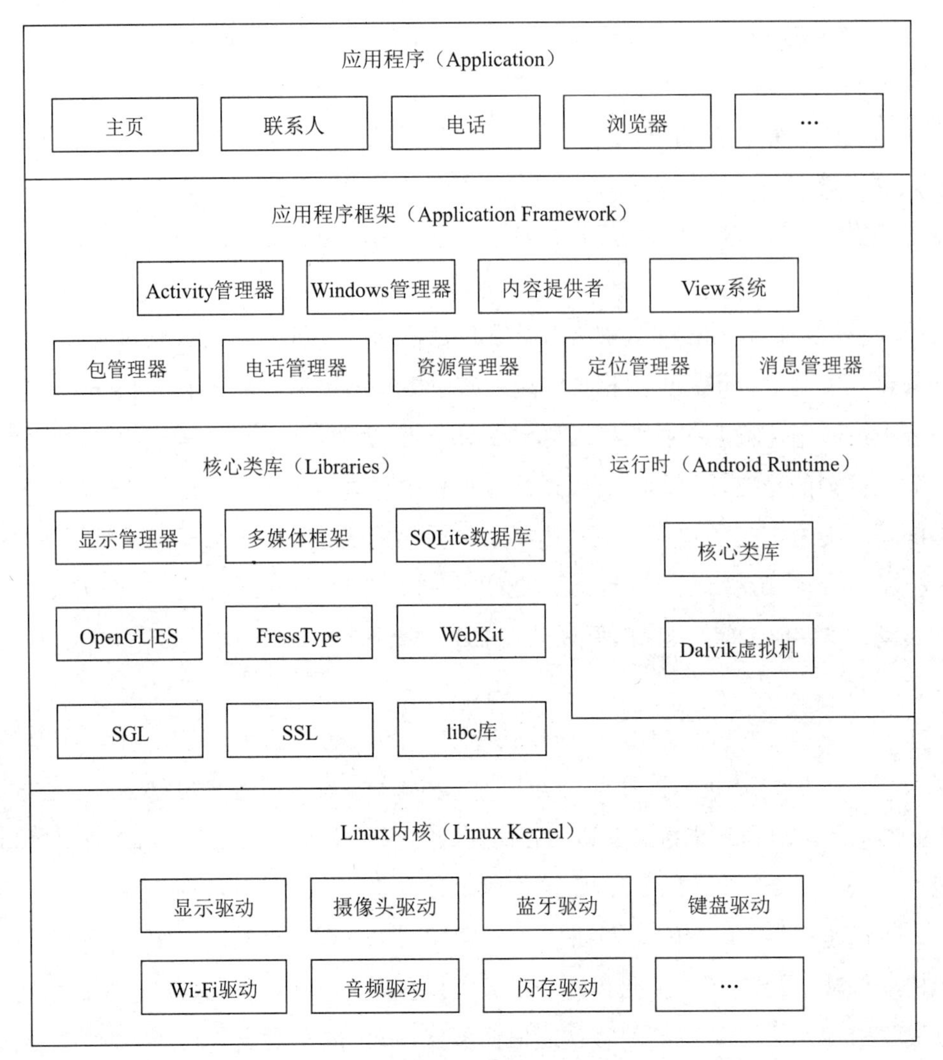

图 1-1　Android 系统的体系结构

应用程序层主要包含使用 Java 或 Kotlin 语言进行开发的一些应用程序，如短信、联系人管理、邮件、浏览器等都属于应用程序层上运行的程序，大多数第三方程序，如音乐播放器、聊天应用程序等，都属于应用程序层。

应用程序框架层主要包括构建应用程序时需要使用的类库（API 框架），开发人员可以使用这些类库方便地进行程序开发，主要包括 Activity 管理器（Activity Manager）、Windows 管理器（Windows Manager）、内容提供者（Contact Providers）、View 系统（View System）、通知管理器（Notification Manager）等。

系统运行库层中，核心类库使用一些 C\C++ 库文件来支持所使用的各个组件，使其可以更好地为程序服务，例如，WebKit 提供了浏览器内核支持。此外，在此层级中还包含 Android 运行时库，其中包含一个专门为移动设备定制的虚拟机实例，针对手机内存和 CPU 性能做了优化处理。

Linux 内核层则为 Android 系统程序提供安全性能、驱动程序、进程管理等支持。

4. Android 项目的目录结构

Android 项目的目录结构如图 1-2 所示，以下为项目结构的详细说明。

图 1-2　Android 项目的目录结构

.gradle 与 .idea：Android Studio 自动生成文件，不需要编辑，打包的时候也可以删掉。

app：内含代码和资源，是工作的核心目录，后面展开。

gradle：构建器，在里面的 wrapper 文件夹下有 gradle-wrapper.properties 文件可以查看 gradle 版本。

.gitignore：上传 git 时进行版本控制管理，可指定排除一些文件或目录。

build.gradle：项目全局的 gradle 构建脚本。

gradle.properties：全局 gradle 配置文件。

gradlew 和 gradlew.bat：执行 gradle 命令时运行这两个文件，gradlew 用于 Linux 和 Mac 系统，gradlew.bat 用于 Windows 系统。

local.properties：指定 SDK 的路径。

settings.gradle：指定项目中所有引入的模块。

External Libraries：第三方库与 SDK 等。

展开 app 文件夹：

build：通过 build → Make Project 生成，在 outputs → apk → debug 中有 app-debug.apk 文件，可以在虚拟机上运行。

libs：第三方架包，引用的时候放进该文件夹。

src：子文件夹 androidTest 用来测试。子文件夹 main 包含 java 和 res，java 用来存放 Java 代码，按包和类存放；res 内容较多，用于存放资源。

AndroidManifest.xml：清单文件，一些组件需要在其中注册，如处理权限、图标等。

test：单元测试。

.gitignore：作用与外面的相同，但是只管理 app 文件夹。

build.gradle：app 模块的 gradle 构建脚本，在这里可以加第三方库的依赖。

proguard-rules.pro：制定项目的混淆规则。

展开 res 文件夹：

drawable 系列：放图片。

layout：布局文件。

mipmap 系列：放不同的图标，不同的后缀对应与不同屏幕适配。

values：放颜色、字符串、主题。

5. Android 项目的资源管理与使用

（1）动画资源：定义预先确定的动画。动画通常分为属性动画和视图动画，属性动画通过使用 Animator 在设定的时间段内修改对象的属性值来创建动画，视图动画框架则可以创建补间动画和逐帧动画，补间动画保存在 res/anim/ 中并通过 R.anim 类访问，逐帧动画保存在 res/drawable/ 中并通过 R.drawable 类访问。

（2）颜色状态列表资源：定义根据 View 状态而变化的颜色资源，保存在 res/color/ 中并通过 R.color 类访问。此类资源可以作为颜色来使用，但它实际上会根据 View 对象的状态更改颜色。例如，Button 组件有多种状态（按下、聚焦或既不按下也不聚焦），使用颜色状态列表，可以为每种状态设置不同的颜色。

（3）可绘制资源：使用位图或 XML 定义各种图形，保存在 res/drawable/ 中并通过 R.drawable 类访问。可绘制资源类别如表 1-1 所示。

表 1-1　可绘制资源类别

资源名称	功能描述
位图文件	位图图形文件（.png、.jpg 或 .gif）。创建 BitmapDrawable
九宫格文件	具有可伸缩区域的 PNG 文件，支持根据内容调整图像大小。创建 NinePatchDrawable
图层列表	管理其他可绘制对象阵列的可绘制对象。这些可绘制对象按阵列顺序绘制，因此索引最大的元素绘制于顶部。创建 LayerDrawable
状态列表	此 XML 文件用于为不同状态引用不同位图图形（例如，按下按钮时使用不同图像）。创建 StateListDrawable

续表

资源名称	功能描述
级别列表	此 XML 文件用于定义管理大量备选可绘制对象的可绘制对象，每个可绘制对象都配有最大备选数量。创建 LevelListDrawable
转换可绘制对象	此 XML 文件用于定义可在两种可绘制对象资源之间交错淡出的可绘制对象。创建 TransitionDrawable
插入可绘制对象	此 XML 文件用于定义以指定距离插入其他可绘制对象的可绘制对象。当视图需要小于视图实际边界的背景可绘制对象时，此类可绘制对象非常有用
裁剪可绘制对象	此 XML 文件用于定义对其他可绘制对象进行裁剪（根据其当前级别值）的可绘制对象。创建 ClipDrawable
缩放可绘制对象	此 XML 文件用于定义更改其他可绘制对象大小（根据其当前级别值）的可绘制对象。创建 ScaleDrawable
形状可绘制对象	此 XML 文件用于定义几何形状（包括颜色和渐变）。创建 GradientDrawable

（4）布局资源：定义 Activity 中的界面或界面中组件的架构，保存在 res/layout/ 中并通过 R.layout 类访问。

（5）菜单资源：定义可通过 MenuInflater 进行扩充的应用菜单，包括选项菜单、上下文菜单和子菜单，保存在 res/menu/ 中并通过 R.menu 类访问。

（6）字符串资源：定义字符串、字符串数组和复数形式（包括字符串格式和样式），保存在 res/values/ 中，并通过 R.string、R.array 和 R.plurals 类访问。

（7）样式资源：定义界面的格式和外观，样式可在布局文件中应用到单个 View 上，也可以通过清单文件的配置，应用到整个 Activity 或应用程序。样式资源保存在 res/values/ 中并通过 R.style 类访问。

（8）字体资源：在 XML 中定义字体系列并包含自定义字体，字体可以是单独的字体文件或字体文件的集合，保存在 res/font/ 中并通过 R.font 类访问。

（9）其他类型的资源：将其他原始值定义为静态资源，如表 1-2 所示。

表 1-2　其他类型的资源

资源名称	功能描述
布尔型	包含布尔值的 XML 资源
颜色	包含颜色值（十六进制颜色）的 XML 资源
尺寸	包含维度值的 XML 资源
ID	为应用资源和组件提供唯一标识符的 XML 资源
整数	包含整数值的 XML 资源
整数数组	提供整数数组的 XML 资源
类型化数组	提供 TypedArray（可用于可绘制对象数组）的 XML 资源

在 Android 的界面设计中，尺寸单位的使用极为重要，Android 当中支持多种尺寸度量单位，具体如下。

dp（密度无关像素）：基于屏幕物理密度的抽象单位。这些单位相对于 160 dpi（每英寸点数）屏幕确立，在该屏幕上 1dp 大致等于 1px。在更高密度的屏幕上运行时，用于绘制 1dp 的像素数量会根据屏幕 dpi 按照适当的系数增加。同样，在更低密度的屏幕上，用于绘制 1dp 的像素数量会相应减少。dp 对像素的比率会随着屏幕密度的变化而变化，但不一定成正比。要使布局中的视图尺寸根据不同的屏幕密度正确调整大小，一种简单的解决办法就是使用 dp 单位（而不是 px 单位）。换句话说，它可在不同设备上提供一致的界面元素大小。

sp（缩放无关像素）：和 dp 单位类似，但它也会根据用户的字体大小偏好设置进行缩放。建议用户在指定字体大小时使用此单位，以便字体大小会根据屏幕密度和用户偏好设置进行调整。

pt（磅）：基于屏幕的物理尺寸，假设屏幕密度为 72 dpi，则 1 Pt=1/72 in。

px（像素）：对应于屏幕上的实际像素数。建议不要使用这种度量单位，因为不同设备的实际呈现效果可能不同；每台设备的每英寸像素数可能不同，屏幕上的总像素数也可能有差异。

mm（毫米）：基于屏幕的物理尺寸。

in（英寸）：基于屏幕的物理尺寸。

任务演练——搭建 Android 开发环境及新建项目

微课视频

1. 搭建 Android 开发环境

由于不同的 JDK、Android Studio 版本安装界面或参数配置略有差异，所以本任务仅对通用的安装步骤进行说明。

（1）下载并安装 JDK 1.8 以上的版本，并配置相关的环境变量。

（2）推荐下载官网上的 Android Studio 最新稳定版，并根据安装向导提示完成安装。

（3）Android Studio 安装后，一般安装向导会提示安装 Android SDK，但也可能因特殊情况未能成功安装 Android SDK，需要手动安装。

（4）最后，通过虚拟设备管理器创建一个 Android 模拟器。

2. 新建项目

（1）打开 Android Studio，单击 File → New → New Project，新建一个项目，如图 1-3 所示。

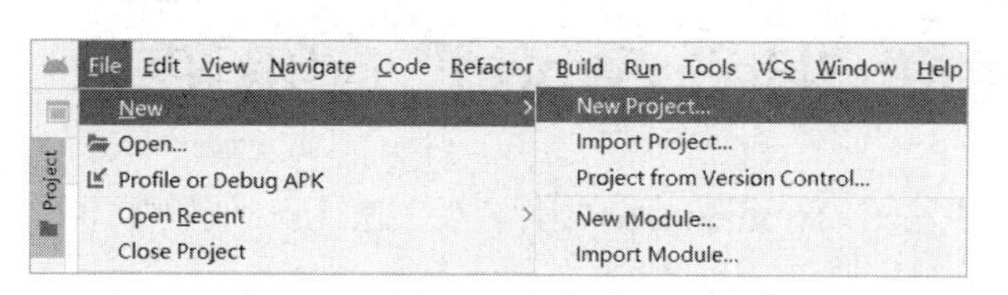

图 1-3　新建一个项目

（2）在弹出的新建项目对话框中，选择 Empty Activity 选项，单击 Next 按钮，如图 1-4 所示。

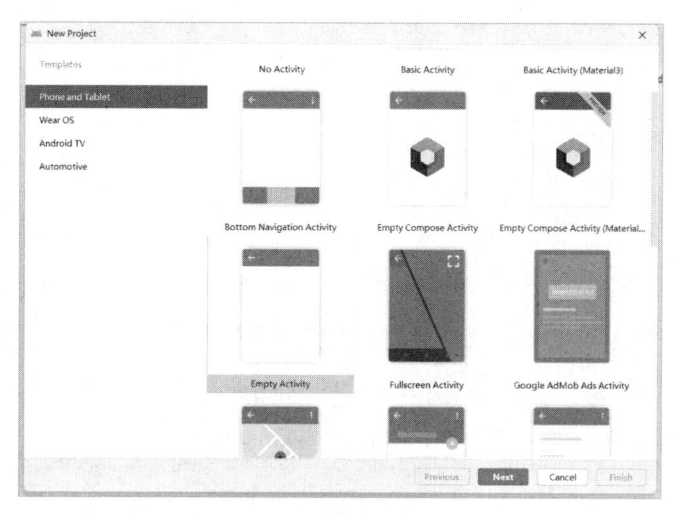

图 1-4　新建项目对话框

（3）输入 Name、Package name（可以使用默认值）、Save location。在此处 Name 以 My First Application 为例。选择 Minimum SDK 为 API 23: Android 6.0。Minimum SDK 是 mPaaS 支持的最低版本，用户在实际开发中可以根据需要进行选择，新建项目配置界面如图 1-5 所示。

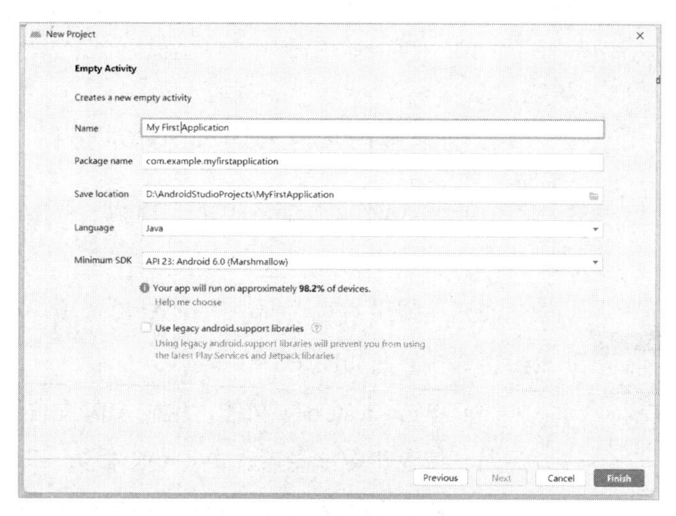

图 1-5　新建项目配置界面

（4）单击 Finish 按钮，即可完成项目创建。

任务拓展——创建“Hello world”应用程序

微课视频

创建项目后，打开 activity_main.xml 文件，添加按钮，代码如下：

```
<Button
    android:id="@+id/button"
    android:layout_width="101dp"
    android:layout_height="50dp"
    android:layout_marginStart="142dp"
    android:layout_marginTop="153dp"
    android:layout_marginBottom="151dp"
    android:text="Button"
    app:layout_constraintStart_toStartOf="parent"
    app:layout_constraintTop_toTopOf="parent" />
```

打开 MainActivity 类，添加按钮的点击事件，代码如下：

```
findViewById(R.id.button).setOnClickListener(new View.OnClickListener(){
        @Override
        public void onClick(View v) {
                Toast.makeText(MainActivity.this, "Hello world!", Toast.
LENGTH_SHORT).show();
        }
    });
```

编译成功后，完成代码编写。

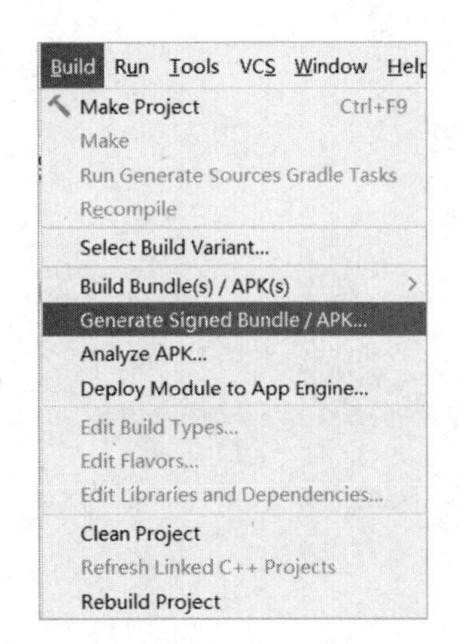

图 1-6　生成 APK

1. 创建签名文件并给项目添加签名

（1）在 Android Studio 中单击 Build → Generate Signed Bundle/APK，生成 APK，如图 1-6 所示。

（2）在弹出的对话框中选择 APK 选项，单击 Next 按钮，生成内容选择界面如图 1-7 所示。

（3）单击 Create new 按钮，生成 APK 配置界面如图 1-8 所示。

（4）填入相应信息后，单击 OK 按钮，即可完成创建签名。用户可在指定的 Key store path 中获得生成的签名文件，签名配置界面如图 1-9 所示。

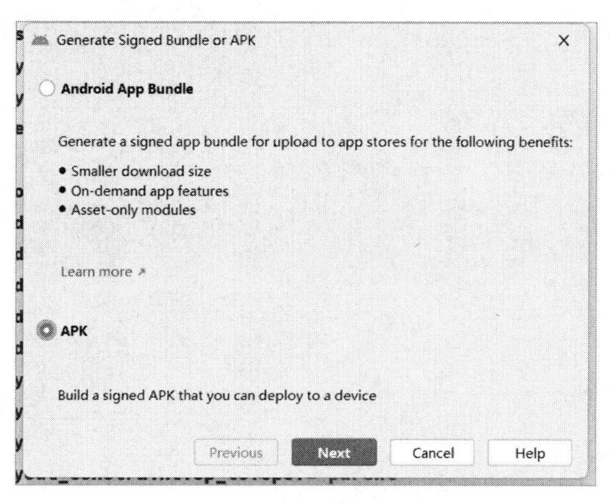

图 1-7　生成内容选择界面

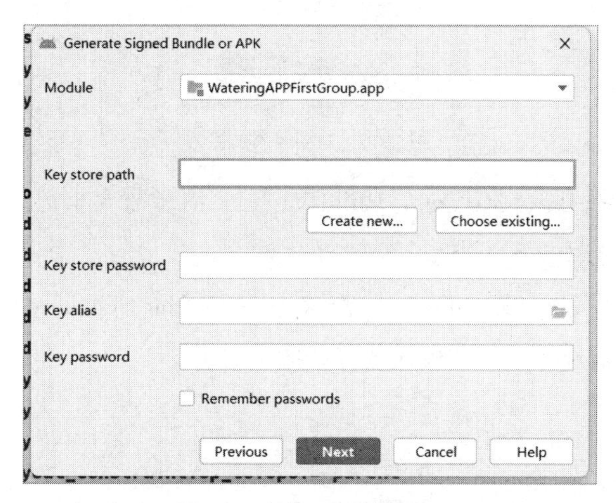

图 1-8　生成 APK 配置界面

New Key Store
Key store path:
Password:
Confirm:
Key
Alias:
key0
Password:
Confirm:
Validity (years):
25
Certificate
First and Last Name:
Organizational Unit:
Organization:
City or Locality:
State or Province:
Country Code (XX):
OK
Cancel

图 1-9　签名配置界面

（5）内容自动填充后，单击 Next 按钮开始对项目添加签名，如图 1-10 所示。

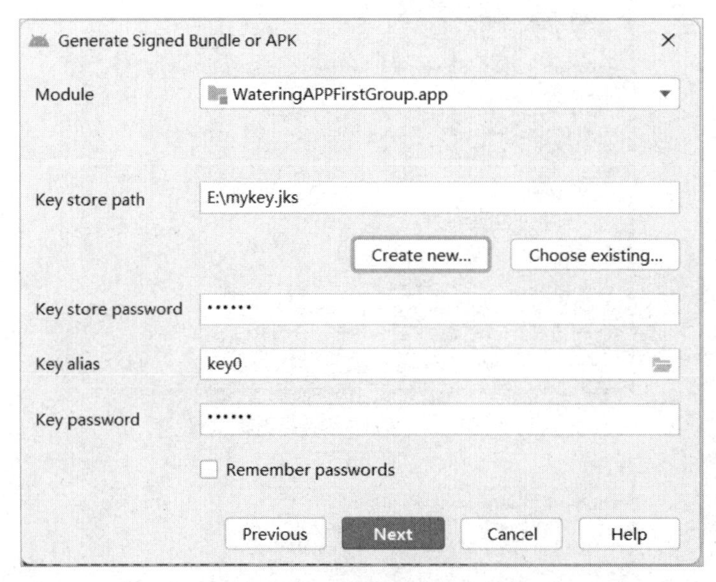

图 1-10　对项目添加签名

（6）根据需要选择 Build Variants，Build Variants 信息需要牢记，因为在使用加密文件的时候需要选择和生成时一致的类型。

（7）随后勾选 V1（Jar Signature）加密版本。V1（Jar Signature）为必选项，V2（Full APK Signature）可按需选择。架构模式选择如图 1-11 所示。

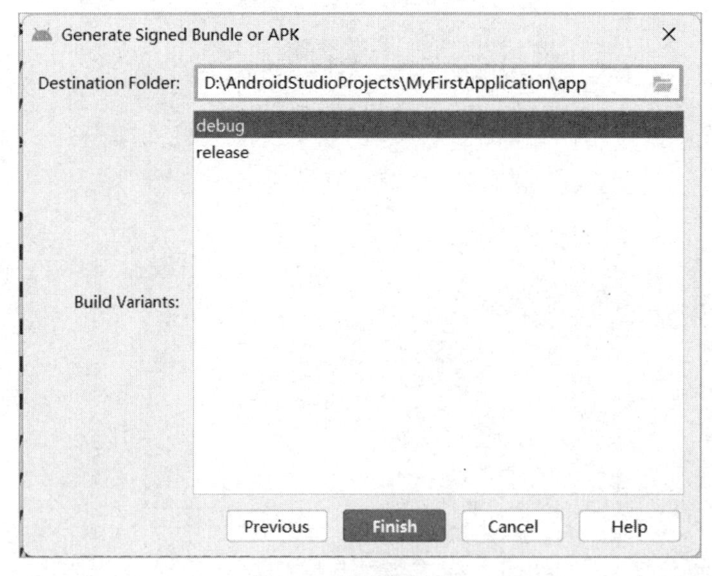

图 1-11　架构模式选择

（8）单击 Finish 按钮。打包完成后在项目文件夹下的 debug 文件夹（\MyFirstApplication\app\debug）中，即可获得该应用程序签名后的 APK 安装包。在本教程中，安装包名为 app-debug.apk。

2. 在手机上安装应用程序

（1）连接手机到计算机，并开启手机的 USB 调试模式。

（2）运行项目，如图 1-12 所示。

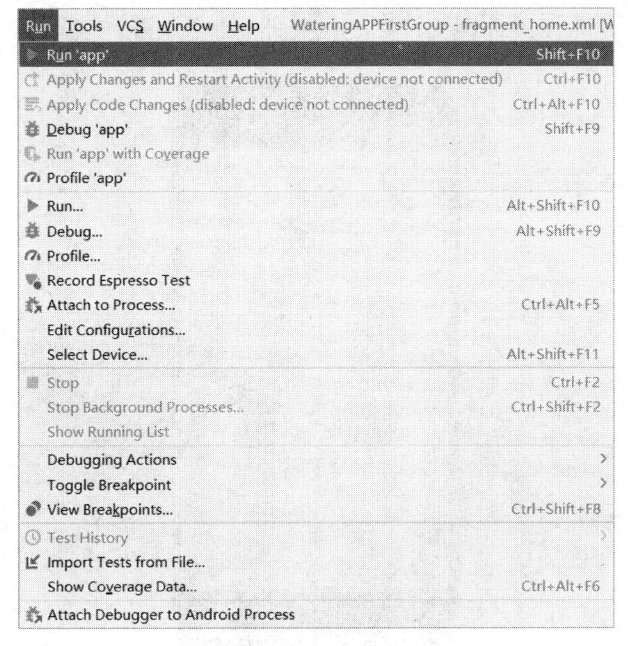

图 1-12　运行项目

（3）单击 BUTTON 按钮，弹出图 1-13 所示的 Toast 提示，即表示应用程序安装成功且实现了预期功能。

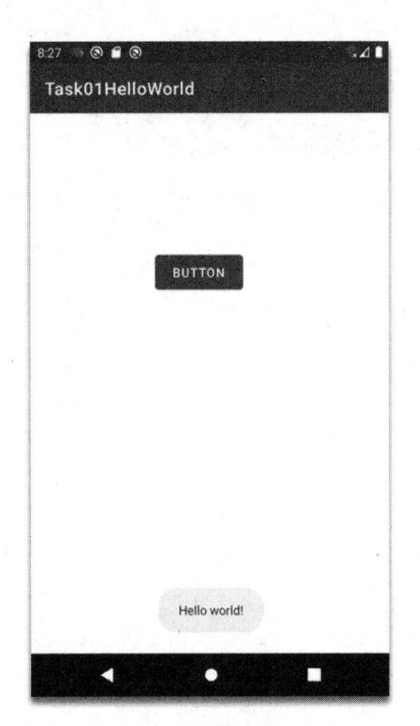

图 1-13　Toast 提示

任务巩固——探索移动应用程序界面设计的方法

在实际工作中，开发人员往往需要根据应用程序原型图完成移动应用程序的开发，请参考图 1-14 或一些常用应用程序界面，结合自己目前对 Android Studio 开发工具的理解，探索式地完成一个应用程序界面的设计。

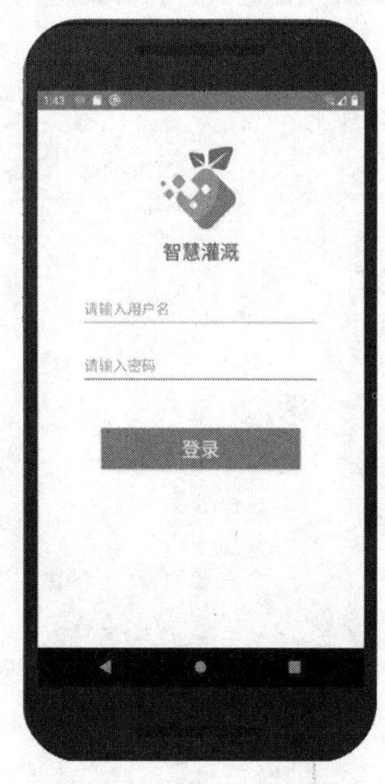

图 1-14　界面设计参考图

任务小结

（1）注意项目、组件、变量名称的规范命名。

（2）注意创建项目时，有两种可选的编程语言，本教程采用 Java 语言进行教学。

（3）在 XML 代码视图下设置属性参数时，尺寸相关属性值务必添加正确合适的尺寸单位。

（4）在使用真机调试时，需要打开手机的开发者模式。

（5）学会使用调试模式完成程序调试，学会使用 Logcat 进行程序调试和解读程序警告、异常等信息，具体操作会在后续任务中介绍。

任务 2
使用线性布局进行界面设计

任务场景

软件的开发可分为 3 层：应用界面层（User Interface Layer, UIL）、数据访问层（Data Access Layer, DAL）、业务逻辑层（Business Logic Layer, BLL）。常见的开发框架模式有 MVC、MVP、MVVM。

应用界面层：主要是指与用户交互的界面，用于接收用户输入的数据和显示处理后用户需要的数据。

数据访问层：主要实现对数据的增、删、改、查，将存储在数据库中的数据提交给业务逻辑层，同时将业务逻辑层处理的数据保存到数据库。

业务逻辑层：应用界面层和数据访问层之间的桥梁，实现业务逻辑。业务逻辑具体包含验证、计算、业务规则等，为应用界面层提供完善的服务。

应用界面层包含用户可查看并与之互动的所有内容。Android 提供丰富多样的预构建界面组件，如结构化布局对象和界面组件，用户可以利用这些组件为自己的应用程序构建图形界面。Android 还提供其他界面模块，用于构建特殊界面，如对话框、通知和菜单。

寄语：化繁为简体验佳，此时无招胜有招。当代手机应用程序的简约设计方法，可减少用户操作的复杂度和操作步骤，提高用户的使用效率；尽管搜索网站主页极尽简单，却能在 0.2 秒时间内搜索几亿个网站。应用程序设计的简约思维能给人们带来极大的便利。

任务目标

（1）了解 View 和 ViewGroup 的作用和关联。

（2）掌握界面布局的基本编写方式。

（3）了解常见的界面布局方式。

（4）掌握线性布局的常用属性和使用方法。

任务准备

微课视频

1. 布局中的 View 和 ViewGroup

布局定义了应用程序的界面结构。布局中的所有元素均使用 View 和 ViewGroup 对象的层次结构进行构建。View 通常用于绘制用户可看到并与之交互的内容。ViewGroup 则是不可见的容器，用于定义 View 和其他 ViewGroup 对象的布局结构，视图层次结构如图 2-1 所示。

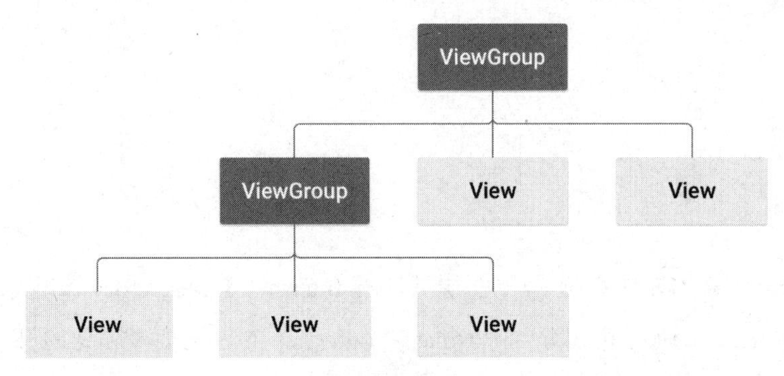

图 2-1　视图层次结构

View 对象被称为“组件”，常用的组件往往是 View 派生出的子类，如 Button 或 TextView。ViewGroup 对象被称为“布局”，可以是提供不同布局结构的众多类型之一，如 LinearLayout 或 ConstraintLayout。而且，Android 应用程序界面的根元素必须有且只有一个 ViewGroup。

2. 布局的定义方法

Android 中有两种定义布局的方法：在 XML 文件中定义界面内容、在 Java 或 Kotlin 文件中定义界面内容。

（1）在 XML 文件中定义界面内容。

Android 提供对应 View 类及其子类的简明 XML 标签。用户也可使用 Android Studio 的 Layout Editor（布局编辑器），采用拖放组件和容器的方式来构建 XML 布局，布局文件以 .xml 扩展名保存在 Android 项目的 res/layout/ 目录中。以下 XML 布局使用垂直线性布局 LinearLayout 设计了包含一个文本组件 TextView 和一个按钮组件 Button 的界面，代码如下：

```
<?xml version="1.0" encoding="utf-8"?>
<LinearLayout xmlns:android="http://schemas.android.com/apk/res/android"
              android:layout_width="match_parent"
              android:layout_height="match_parent"
              android:orientation="vertical" >
```

```
    <TextView android:id="@+id/text"
              android:layout_width="wrap_content"
              android:layout_height="wrap_content"
              android:text=" 我是文本组件 " />
    <Button android:id="@+id/button"
            android:layout_width="wrap_content"
            android:layout_height="wrap_content"
            android:text=" 我是按钮组件 " />
</LinearLayout>
```

当编译 Android 应用程序时，系统会将每个 XML 布局文件编译成 View 资源。如果要正确加载布局资源，需在 Activity.onCreate() 函数内，通过调用 setContentView()，并传入参数 R.layout.[布局文件的文件名]。如果项目中的布局文件名为 main_layout.xml，可通过如下方式加载布局资源，代码如下：

```
public void onCreate(Bundle savedInstanceState) {
    super.onCreate(savedInstanceState);
    setContentView(R.layout.main_layout);
}
```

一般来说，上述加载布局资源所需的程序代码，Android Studio 在创建一个 Activity 的时候会自动生成。

（2）在 Java 或 Kotlin 文件中定义界面内容。

此方法以程序化方式创建 View 对象和 ViewGroup 对象，并编写代码操作界面相关的属性。

通过在 XML 中声明界面，用户可以将应用程序外观代码与控制其行为的代码分开。使用 XML 文件还有助于为不同屏幕尺寸和屏幕方向提供不同布局。因此，大多数情况下在 XML 文件中定义界面内容。

当然，Android 框架允许开发者灵活选择两种或其中一种方法来构建应用程序界面，也可以在 XML 中声明应用程序的默认布局，然后在程序代码中修改布局。

3. 常见的界面布局方式

ViewGroup 类的每个子类都会提供一种独特的方式，以显示其中嵌套的视图。以下是 Android 平台中一些较为常见的内置布局类型。

（1）线性布局 LinearLayout。

线性布局是一种使用单个水平行或垂直列来组织子视图的布局方式。线性布局使用

orientation 属性指定布局方向，能够使所有子视图在水平或垂直方向保持对齐，如图 2-2 所示。这种布局会在窗口长度超出屏幕长度时创建滚动条。

线性布局的所有子视图依次堆叠，因此无论子视图有多宽，垂直线性布局每行均只有一个子视图，水平列表将只有一行高，行高取决于最高子视图的高度加上内边距。如果希望多行显示子视图，就需要使用多个线性布局进行嵌套，如图 2-3 所示。

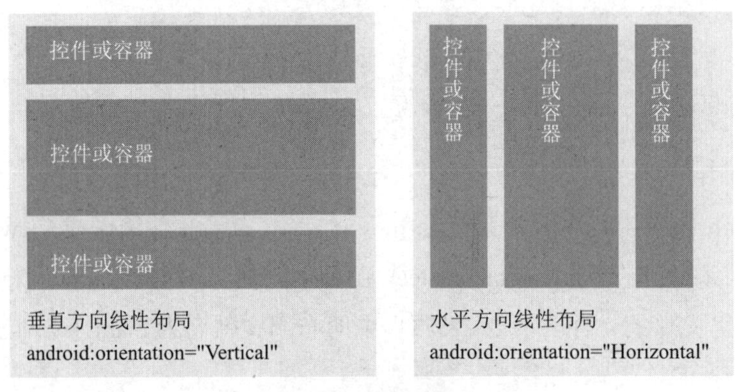

图 2-2　线性布局

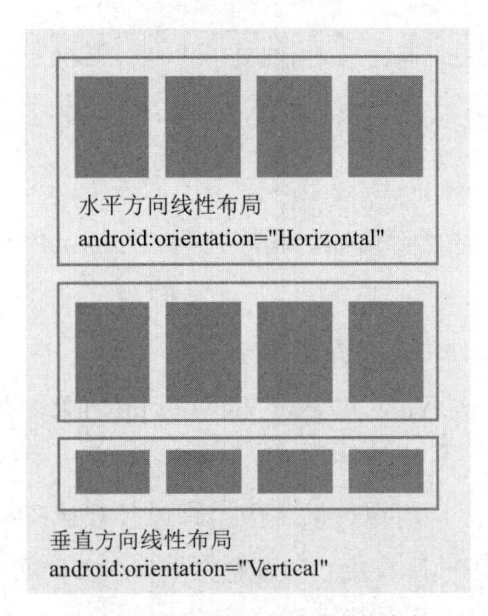

图 2-3　使用多个线性布局进行嵌套

线性布局还支持使用 layout_weight 属性为各个子视图分配权重，为视图分配重要程度，让子视图在特定方向上，按一定的比例排列显示。视图的权重值越大，占据的空间越大，每个视图的默认权重为 0。

如果希望线性布局中每个子视图占据大小相同的屏幕空间，先将每个视图的 layout_height 属性设置为“0 dp”（针对垂直布局），或者将每个视图的 layout_width 属性设置为“0 dp”（针对水平布局）。然后，将每个视图的 layout_weight 属性设置为“1”，线性布局子视图的均匀分布如图 2-4 所示。

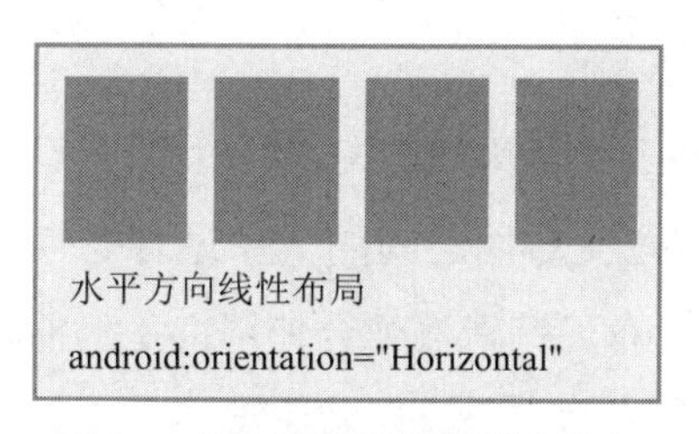

图 2-4　线性布局子视图的均匀分布

如果有三个文本组件 TextView，其中前两个声明权重为 1，另一个未赋予权重，那么没有权重的第三个文本组件就不会展开，仅占据其内容所需的区域，另外两个文本组件将以同等幅度展开，填充剩余空间，如图 2-5 所示。

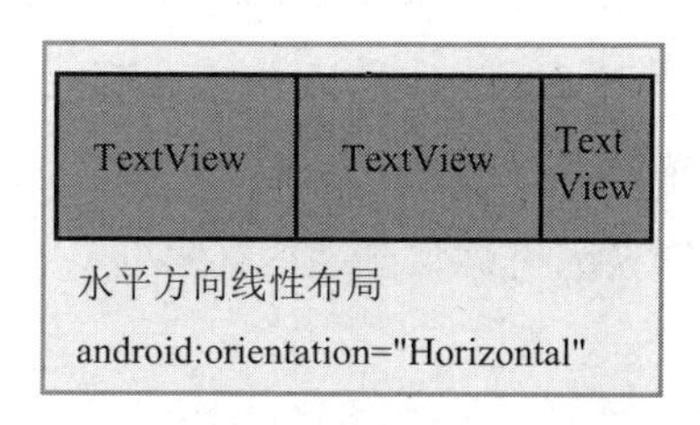

图 2-5　线性布局子视图的不均匀分布（a）

线性布局中也允许为每个子视图设置不同的权重，仍以三个文本组件 TextView 为例，其中前两个声明权重为 1，而为第三个赋予权重 2，第三个组件将获得总空间的一半，而其他两个组件均分剩余的空间，如图 2-6 所示。

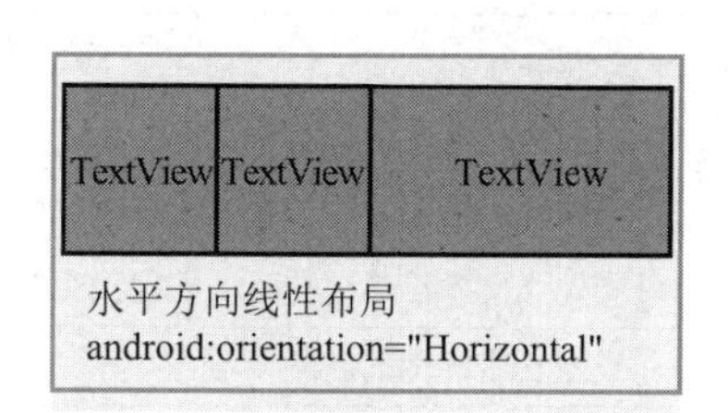

图 2-6　线性布局子视图的不均匀分布（b）

（2）相对布局 RelativeLayout。

相对布局是一种以相对位置显示子视图的布局方式，让用户能指定子对象彼此之间的相对位置或子对象与父对象的相对位置。例如，子对象 A 在子对象 B 左侧、与父对象顶部对齐。相比线性布局，相对布局可以消除 ViewGroup 的多级嵌套，从而使布局层次结构保持扁平化，提高应用程序的性能。

（3）帧布局 FrameLayout。

帧布局在屏幕上开辟出一块空白区域，在区域中放置的视图对象会占据一帧，并且依次叠放在左上角。如果组件的大小一样，那么同一时刻就只能看到最后添加的组件。但是，可以将多个子项添加到帧布局中，并通过使用 layout_gravity 属性为每个子视图分配重力来控制它们在帧布局中的位置。由于这种布局没有定位方式，无法适应不同屏幕尺寸，也容易让子视图重叠在一起，所以应用场景并不多。

（4）约束布局 ConstraintLayout。

约束布局可使用扁平视图层次结构创建复杂的大型布局。它与相对布局十分相似，其中所有的视图均根据同级视图与父布局之间的关系进行布局，但灵活性要高于相对布局，并且更易于与 Android Studio 的布局编辑器配合使用，是目前官方认可的默认布局方式。

（5）网页视图 WebView。

如果希望在客户端应用程序中提供 Web 应用或静态网页，那么可以使用网页视图执行该操作。WebView 类是 Android 的 View 类的扩展，可将网页显示为 Activity 布局的一部分。

（6）基于适配器的列表视图或网格视图。

如果布局的内容是动态内容或不能预先确定的内容，可以使用继承 AdapterView 的布局组件进行布局，在应用程序运行的过程中，动态地填充布局。AdapterView 类的子类会使用适配器 Adapter 将数据与相关布局进行绑定，Adapter 会从数组或数据库等数据源进行数据检索，并将查询到的每条数据转换为可添加到 AdapterView 布局中的子视图。

4. TextView 组件

TextView（文本视图）主要用于显示一行或多行文本，TextView 的常用属性如表 2-1 所示。

表 2-1　TextView 的常用属性

属　性	描　述
autoSizeTextType	指定自动调整大小的类型
ellipsize	若设置，则会导致长度超过视图宽度的单词被省略，而不是在中间断开
gravity	指定当文本小于视图时，如何按视图的 x 轴或 y 轴对齐文本
height	设置文本视图的高度
hint	提示文本，在文本为空时显示
letterSpacing	文本字母间距
lineHeight	文本行之间的显式高度
lines	设置 TextView 的行高
scrollHorizontally	是否允许文本比视图宽（若是，则可以水平滚动）
text	设置要显示的文本
textAllCaps	以全部大写形式显示文本
textAppearance	设置基本文本颜色、字体、大小和样式
textColor	设置文本颜色
textColorHighlight	文本选择的颜色突出显示
textColorHint	提示文本的颜色
textFontWeight	文本视图中使用的字体的权重
textIsSelectable	指示可以选择不可编辑文本的内容
textScaleX	设置文本的水平比例因子

续表

属　性	描　述
textSize	设置文本的大小
textStyle	文本的样式（普通、粗体、斜体 | 粗体、斜体）
width	设置文本视图的宽度

任务演练——制作计算器应用程序的界面

微课视频

1. 利用线性布局进行计算器应用程序的整体布局

（1）创建项目，将默认的布局模式修改为 LinearLayout，并将 orientation 属性设置为 vertical，代码如下：

```
<?xml version="1.0" encoding="utf-8"?>
<LinearLayout xmlns:android="http://schemas.android.com/apk/res/android"
    xmlns:app="http://schemas.android.com/apk/res-auto"
    xmlns:tools="http://schemas.android.com/tools"
    android:layout_width="match_parent"
    android:layout_height="match_parent"
    android:orientation="vertical">
</LinearLayout>
```

（1）向界面中添加 6 个 LinearLayout（horizontal）组件，计算器应用程序界面的布局结构如图 2-7 所示。

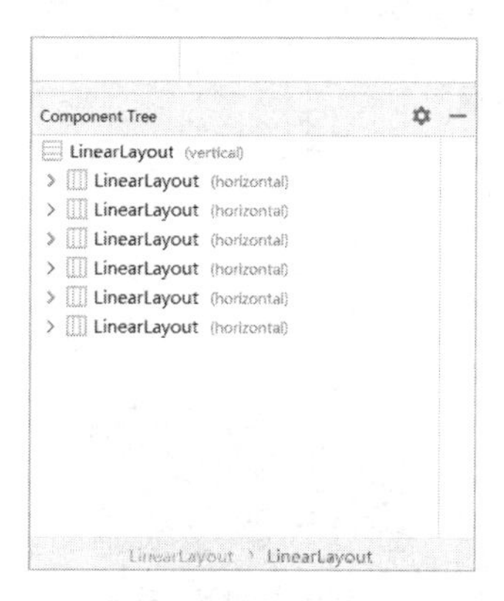

图 2-7　计算器应用程序界面的布局结构

（3）对第一个 LinearLayout（horizontal）进行样式设计，代码如下：

```
<LinearLayout
    android:layout_width="match_parent"
```

```
    android:layout_height="0dp"
    android:layout_weight="2"
    android:background="#6C6C6C"
    android:orientation="horizontal">
</LinearLayout>
```

（4）对剩余的 LinearLayout（horizontal），设置权重 layout_weight 为 1，代码如下：

```
<LinearLayout
    android:layout_width="match_parent"
    android:layout_height="0dp"
    android:layout_weight="1">
</LinearLayout>
```

2. 使用 TextView 实现计算器按键

（1）向第一个 LinearLayout（horizontal）添加一个 TextView，并设置样式，代码如下，计算器应用程序界面的计算显示区域如图 2-8 所示。

```
<TextView
    android:id="@+id/textViewHead"
    android:layout_width="match_parent"
    android:layout_height="match_parent"
    android:layout_weight="1"
    android:gravity="right|bottom"
    android:padding="15dp"
    android:text="45"
    android:textColor="#E1E1E1"
    android:textSize="100sp"/>
```

45

图 2-8　计算器应用程序界面的计算显示区域

（2）向第 2 ～ 5 个 LinearLayout（horizontal）分别添加 4 个 TextView，将 text 属性修改为计算器对应的数字文本，代码如下：

```
<TextView
```

```
        android:id="@+id/textViewClean"
        android:layout_width="0dp"
        android:layout_height="match_parent"
        android:layout_weight="1"
        android:gravity="center"
        android:text="C"
        android:textSize="36sp"
        android:background=""/>
```

（3）在 res/drawable 目录下，创建新的图片资源 border.xml 和 border_orange.xml, 作为灰色按钮和橙色按钮的背景图片，代码如下：

```
//border.xml
<?xml version="1.0" encoding="utf-8"?>
<shape  xmlns:android="http://schemas.android.com/apk/res/android"
android:shape="rectangle">
    <solid android:color="#DFDFDF" />
    <stroke android:width="1dp" android:color="#A6A6A6"/>
</shape>
//border_orange.xml
<?xml version="1.0" encoding="utf-8"?>
<shape  xmlns:android="http://schemas.android.com/apk/res/android"
android:shape="rectangle">
    <solid android:color="#F5923D" />
    <stroke android:width="1dp" android:color="#A6A6A6"/>
</shape>
```

（4）利用自定义的图片资源，设置步骤（2）中 TextView 的 background 属性，设置完成后，计算器应用程序界面的按键区域如图 2-9 所示。

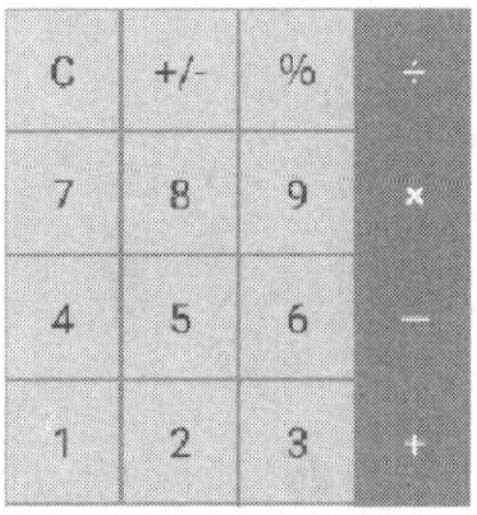

图 2-9　计算器应用程序界面的按键区域

（5）向第 6 个 LinearLayout（horizontal）添加 3 个 TextView，代码如下：

```
<TextView
    android:id="@+id/textViewZero"
    android:layout_width="0dp"
    android:layout_height="match_parent"
    android:layout_weight="2"
    android:background="@drawable/border"
    android:gravity="center"
    android:text="0"
    android:textSize="36sp" />

<TextView
    android:id="@+id/textViewDot"
    android:layout_width="0dp"
    android:layout_height="match_parent"
    android:layout_weight="1"
    android:background="@drawable/border"
    android:gravity="center"
    android:text="•"
    android:textSize="36sp" />

<TextView
    android:id="@+id/textViewResult"
    android:layout_width="0dp"
    android:layout_height="match_parent"
    android:layout_weight="1"
    android:background="@drawable/border_orange"
    android:gravity="center"
    android:text="="
    android:textColor="#FFFFFF"
    android:textSize="36sp" />
```

（6）运行程序，计算器应用程序的界面运行效果如图 2-10 所示。

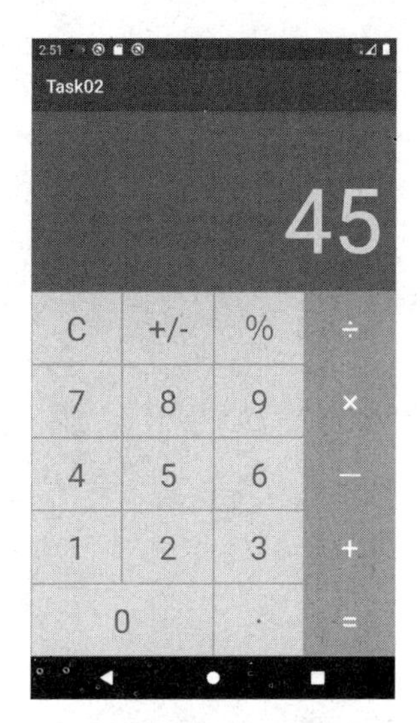

图 2-10　计算器应用程序的界面运行效果

任务拓展——制作电话拨号应用程序的界面

微课视频

1. 利用线性布局进行电话拨号应用程序的整体布局

（1）创建项目，将素材图片 example_bg.jpg 添加到 res/drawable/ 目录下。将默认的布局模式修改为 LinearLayout，并将元素排列方向 orientation 属性设置为 vertical，透明度 alpha 属性设置为 0.65，背景图片 background 设置为 @drawable/example_bg，底部内边距 paddingBottom 设置为 8 dp，代码如下：

```
<?xml version="1.0" encoding="utf-8"?>
<LinearLayout xmlns:android="http://schemas.android.com/apk/res/android"
    android:layout_width="match_parent"
    android:layout_height="match_parent"
    android:alpha="0.65"
    android:background="@drawable/example_bg"
    android:paddingBottom="8dp"
    android:orientation="vertical">
</LinearLayout>
```

（2）向界面中添加 6 个 LinearLayout（horizontal）组件，电话拨号应用程序界面的布局结构如图 2-11 所示。

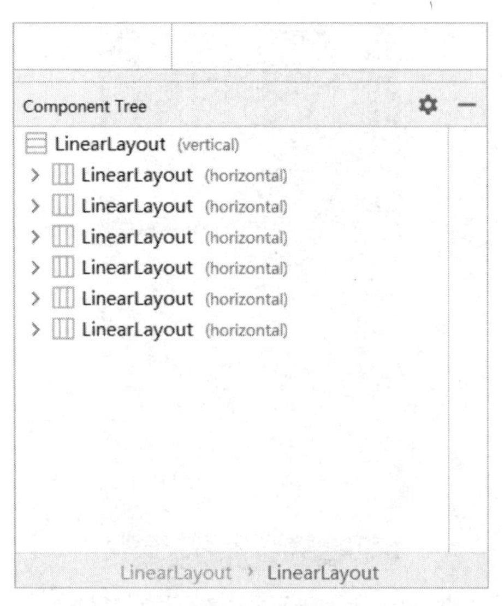

图 2-11　电话拨号应用程序界面的布局结构

（3）选中第一个 LinearLayout（horizontal），设置权重 layout_weight 为 2，设置对齐方式 gravity 为 center，样式设置代码如下：

```
<LinearLayout
    android:layout_width="match_parent"
    android:layout_height="0dp"
    android:layout_weight="2"
    android:gravity="center"
    android:orientation="horizontal">
</LinearLayout>
```

（4）对剩余的 LinearLayout（horizontal），设置权重 layout_weight 为 1，设置对齐方式 gravity 为 center，样式设置代码如下：

```
<LinearLayout
    android:layout_width="match_parent"
    android:layout_height="0dp"
    android:layout_weight="1"
    android:gravity="center"
    android:orientation="horizontal">
</LinearLayout>
```

2. 使用 TextView、ImageView 和 Button 组件实现拨号界面

（1）向第一个 LinearLayout（horizontal）添加一个 TextView 和一个 ImageView，并设置样式，代码如下，电话拨号应用程序的拨号显示区域如图 2-12 所示。

```
<TextView
    android:id="@+id/textView2"
    android:layout_width="wrap_content"
    android:layout_height="wrap_content"
    android:gravity="center"
    android:text="1530577****"
    android:textColor="@color/white"
    android:textSize="34sp" />

<ImageView
    android:id="@+id/imageView"
    android:layout_width="wrap_content"
    android:layout_height="wrap_content"
    android:layout_weight="0"
    app:srcCompat="@android:drawable/ic_input_delete" />
```

图 2-12　电话拨号应用程序的拨号显示区域

（2）向第 2 ～ 5 个 LinearLayout（horizontal）分别添加 3 个 Button，将 text 属性修改为拨号界面对应的文本信息，将按钮的外观样式属性 style 设置为 @style/Widget.AppCompat.Button.Borderless，文本大小 textSize 设置为 34 sp，代码如下：

```
<Button
    android:id="@+id/button"
    style="@style/Widget.AppCompat.Button.Borderless"
    android:layout_width="80dp"
    android:layout_height="80dp"
    android:layout_marginLeft="8dp"
    android:layout_marginRight="8dp"
    android:text="1"
    android:textColor="@color/white"
    android:textSize="34sp" />
```

（3）在 res/drawable 目录下，创建新的图片资源 round_border.xml，作为数字按键的背景图片，代码如下：

```
//round_border.xml
```

```
<?xml version="1.0" encoding="utf-8"?>
<shape xmlns:android="http://schemas.android.com/apk/res/android"
android:shape="rectangle">
    <solid android:color="@android:color/transparent"  />
    <size android:height="100dp" android:width="100dp"/>
    <stroke android:width="2dp" android:color="#FFFFFF"/>
    <corners android:radius="50dp"/>
</shape>
```

（4）利用自定义的图片资源，设置步骤（2）中 TextView 的 background 属性，设置完成后，电话拨号应用程序的拨号按键区域如图 2-13 所示，代码如下：

```
android:background="@drawable/round_border"
```

图 2-13　电话拨号应用程序的拨号按键区域

（5）向第 6 个 LinearLayout（horizontal）添加 1 个 Button，将前景 foreground 设置为内置电话图形 @android:drawable/ic_menu_call，代码如下：

```
<Button
    android:id="@+id/button13"
    style="@style/Widget.AppCompat.Button.Borderless"
    android:layout_width="80dp"
    android:layout_height="80dp"
    android:layout_marginLeft="8dp"
    android:layout_marginRight="8dp"
    android:background="@drawable/round_border"
    android:foreground="@android:drawable/ic_menu_call"
    android:textColor="@color/white"
    android:textSize="34sp" />
```

（6）运行程序，电话拨号应用程序的运行效果如图 2-14 所示。

图 2-14　电话拨号应用程序的运行效果

任务巩固——设计智慧家居应用程序界面

在未来的众多移动应用场景中，都聚焦人与物、物与物的连接，需要向用户展示各种各样的数据信息，请参考以下智能空调应用程序原型图，或者以“智慧新生活”为主题，利用线性布局 LinearLayout 设计一个界面。智能空调应用程序原型图及运行效果如图 2-15 所示。

图 2-15　智能空调应用程序原型图及运行效果

任务小结

（1）当设置元素的 layout_weight 时，若父级容器为 LinearLayout（horizontal），则元素的宽度要设置为 0 dp；若父级容器为 LinearLayout（vertical），则元素的高度要设置为 0 dp。

（2）Android 中的组件没有可以直接设置边框样式的属性，若需自定义边框，则需要在 res\drawable\ 下创建可绘制资源文件，定义一张带边框的图片作为组件的背景图片。

（3）使用线性布局进行界面设计的时候，不要进行过多的布局嵌套，因为视图层次结构过深会带来非常大的性能开销。

（4）Android SDK 工具套件包含一个名为 Hierarchy Viewer 的工具，可让用户在应用程序运行时分析布局，帮助用户发现布局性能方面的瓶颈。

任务 3
使用相对布局进行界面设计

任务场景

利用 Android 中的线性布局 LinearLayout，开发者可以完成绝大多数界面的布局设计，操作简单且容易上手。但是，线性布局的特性也造成其子视图无法换行，布局不灵活，而且面对复杂的布局场景，线性布局往往需要进行多层嵌套，从而导致界面性能下降。

因此，本任务将详细介绍灵活性更高的相对布局 RelativeLayout，组件可以在相对布局中任意摆放，而且可以立体重叠摆放，这些特性允许开发者使用较少的层次结构就能完成复杂的布局。在很长一段时间内，相对布局被广泛使用。

寄语：尺有所短寸有长，图文互见得益彰。Android 开发中有多样的布局方式和组件元素，各有优缺点，作为开发者最重要的就是要充分了解各个组件的特性，搭配使用达到良好的效果。

任务目标

（1）了解相对布局的基本属性。

（2）了解相对布局的元素定位方法。

（3）了解 Button、EditText 组件的使用方法。

（4）掌握布局性能优化的方法。

任务准备

微课视频

1. 相对布局 RelativeLayout

相对布局是一种以相对位置显示子视图的布局方式，让用户能指定子视图彼此之间的相对位置或子视图与父容器的相对位置。例如，子视图 A 在子视图 B 左侧、与父容器顶部对齐。与父容器相关的相对布局属性如表 3-1 所示，与兄弟组件相关的相对布局属性如表 3-2 所示。

表 3-1 与父容器相关的相对布局属性

属　性	描　述
layout_centerHorizontal	若设置为 true，则将此子视图水平居中于其父视图中
layout_centerInParent	若设置为 true，则在其父视图中水平和垂直居中当前子视图
layout_centerVertical	若设置为 true，则将此子视图垂直居中于其父视图中
layout_alignParentBottom	若设置为 true，则使该视图的底部边缘与父视图的底部边缘匹配
layout_alignParentEnd	若设置为 true，则使此视图的结束边缘与父视图的结束边缘匹配
layout_alignParentLeft	若设置为 true，则使该视图的左边缘与父视图的左边缘匹配
layout_alignParentRight	若设置为 true，则使此视图的右边缘与父视图的右边缘匹配
layout_alignParentStart	若设置为 true，则使此视图的起始边缘与父视图的起始边缘匹配
layout_alignParentTop	若设置为 true，则使该视图的上边缘与父视图的上边缘匹配
layout_alignWithParentIfMissing	若设置为 true，则当 layout_toLeftOf、layout_toRightOf 等找不到锚点时，将使用父级作为锚点

表 3-2 与兄弟组件相关的相对布局属性

属　性	描　述
layout_above	将此视图的底部边缘定位在给定的锚点视图 ID 上方
layout_alignBaseline	将此视图的基线定位在给定的锚点视图 ID 的基线上
layout_alignBottom	使该视图的底部边缘与给定的锚点视图 ID 的底部边缘匹配
layout_alignEnd	使该视图的结束边缘与给定的锚点视图 ID 的结束边缘匹配
layout_alignLeft	使该视图的左边缘与给定的锚点视图 ID 的左边缘匹配
layout_alignRight	使该视图的右边缘与给定的锚点视图 ID 的右边缘匹配
layout_alignStart	使该视图的起始边缘与给定的锚点视图 ID 的起始边缘匹配
layout_alignTop	使该视图的上边缘与给定的锚点视图 ID 的上边缘匹配
layout_below	将此视图的顶部边缘定位在给定的锚点视图 ID 下方
layout_toEndOf	将此视图的起始边缘定位到给定的锚点视图 ID 的末尾
layout_toLeftOf	将此视图的右边缘定位到给定的锚点视图 ID 的左侧
layout_toRightOf	将此视图的左边缘定位到给定的锚点视图 ID 的右侧
layout_toStartOf	将此视图的结束边缘定位到给定的锚点视图 ID 的开头

默认情况下，所有子视图均绘制在布局的左上角，因此用户必须使用 Android 相对布局中提供的各种布局属性定义每个视图的位置。

2. Button 组件

按钮可用于响应用户的点击动作，执行相关的程序。按钮包含文本和图标，它们用来表示操作的含义。Android 中可以创建 3 种类型的按钮：仅包含文本、仅包含图标、同时包

含文本和图标。

要创建仅包含文本的按钮，请使用 Button 类：

```
<Button
    android:layout_width="wrap_content"
    android:layout_height="wrap_content"
    android:text=" 我是按钮 "
    ... />
```

要创建仅包含图标的按钮，请使用 ImageButton 类：

```
<ImageButton
    android:layout_width="wrap_content"
    android:layout_height="wrap_content"
    android:src="@drawable/button_icon"
    android:contentDescription=" 我是按钮 "
    ... />
```

要创建同时包含文本和图标的按钮，请使用 Button 类并指定 android:drawableLeft 属性：

```
<Button
    android:layout_width="wrap_content"
    android:layout_height="wrap_content"
    android:text=" 我是按钮 "
    android:drawableLeft="@drawable/button_icon"
    ... />
```

若要自定义按钮的外观样式，则在 res\drawable 下，创建新的图片资源。若要创建一个圆角灰色边框按钮，则可以定义如下内容：

```
//round_border.xml
<?xmlversion="1.0"encoding="utf-8"?>
<shape  xmlns:android=http://schemas.android.com/apk/res/android
android:shape="rectangle">
<size android:height="24dp" android:width="100dp"/>
<stroke android:width="2dp" android:color="#EFEFEF"/>
<corners android:radius="5dp"/>
</shape>
```

3. EditText 组件

EditText 组件可以让用户输入和修改文本。定义编辑 EditText 组件时，必须指定 inputType 属性。例如，要让用户进行纯文本输入，需将 inputType 设置为“text”。EditText 组件的主要属性如表 3-3 所示。

```
<EditText
    android:id="@+id/plain_text_input"
    android:layout_height="wrap_content"
    android:layout_width="match_parent"
    android:inputType="text"/>
```

表 3-3　EditText 组件的主要属性

属性	描　　述
maxLength	表示用户最多能输入的字符数量
hint	设置当 EditText 内容为空时显示的文本
password	设置用户输入的内容为带掩码的密码格式
inputType	用于设置输入文本的类型。例如： android:inputType="text" 纯文本 android:inputType="number" 数字 android:inputType="phone" 拨号键盘 android:inputType="datetime" 日期键盘

4. 布局的性能优化方法

布局是 Android 应用程序中直接影响用户体验的关键部分。如果实现不当，布局可能会导致应用程序界面响应缓慢且需要占用大量内存。布局的性能优化方法包括以下 3 种。

（1）优化布局层次结构。

初学者常常会误认为使用基础的布局结构就能创建高效的布局。然而，应用中加入的每个组件和布局元素都必须经过初始化、布局配置和绘制过程。以嵌套的 LinearLayout 为例，这种做法会造成视图层次结构深度过大。特别是当多个 LinearLayout 嵌套并且使用 layout_weight 参数时，性能开销很大，因为这样会导致每个子视图都需要被测量两次。在需要重复加载布局的场景下（如在 ListView 或 GridView 中），这种性能问题尤其需要关注。

Android SDK 工具套件包含一个名为 Hierarchy Viewer 的工具，可让用户在应用程序运行时分析布局。此工具可帮助用户发现布局性能方面的瓶颈。

利用 Hierarchy Viewer，用户可以在已连接的设备或模拟器上选择正在运行的进程，然后显示布局树。各个块上的信号灯代表其测量、布局和绘制性能，有助于用户识别潜在问题。

（2）创建可复用的视图。

尽管 Android 通过各种微件来提供可重复使用的小型互动元素，但用户可能还需要重复使用需要特殊布局的大型组件。为了高效地重复使用完整的布局，用户可以使用 include 标签和 merge 标签在当前布局中嵌入其他布局。

重复使用布局是一项特别强大的功能，因为它允许用户创建可重复使用的复杂布局。例如，“是 / 否”按钮面板，或者包含说明文本的自定义进度条。这也意味着用户可以单独提取、管理多个布局中的任何常见应用元素，然后将其添加到各个布局中。因此，用户既可以通过编写自定义 View 来创建各个界面组件，也可以通过重复使用布局文件来更加轻松地达成目标。

（3）延迟加载视图。

有时，用户的布局可能需要很少使用的复杂视图。无论是作品详情、进度指示器还是撤消消息，用户都可以通过仅在需要时加载这些视图来减少内存使用量并加快渲染速度。

如果用户的布局具有应用程序将来可能需要的复杂视图，则可以使用延迟加载资源这个重要的方法。用户可以通过为复杂且很少使用的视图定义 ViewStub 来实现此方法。

任务演练——制作仿支付应用程序登录界面

微课视频

1. 利用相对布局进行仿支付应用程序登录界面的整体布局

（1）创建项目，将默认的布局模式修改为 RelativeLayout，代码如下：

```
<?xml version="1.0" encoding="utf-8"?>
<RelativeLayout
    xmlns:android="http://schemas.android.com/apk/res/android"
    xmlns:app="http://schemas.android.com/apk/res-auto"
    xmlns:tools="http://schemas.android.com/tools"
    android:layout_width="match_parent"
    android:layout_height="match_parent"
    android:orientation="vertical">
</RelativeLayout>
```

（2）向界面中添加一个 ImageView 组件，设置属性 srcCompat 为 zfb.png，代码如下：

```
<ImageView
    android:id="@+id/logo"
    android:layout_width="match_parent"
    android:layout_height="100dp"
    android:layout_alignParentTop="true"
    android:layout_marginTop="52dp"
    android:layout_margiBottom="48dp"
    android:scaleType="fitCenter"
    app:srcCompat="@drawable/task02_pay_zfb" />
```

（3）添加一个 LinearLayout（vertical）组件，位于 ImageView 的下方，宽度设置为 360 dp，高度设置为 120 dp，并且设置为水平居中，代码如下：

```
<LinearLayout
    android:id="@+id/input_area"
    android:layout_width="360dp"
    android:layout_height="120dp"
    android:layout_below="@+id/logo"
    android:background="@drawable/input_area_style"
    android:gravity="center"
    android:orientation="vertical"
    android:layout_centerHorizontal="true">
</LinearLayout>
```

（4）添加一个 Button 组件，位于 LinearLayout（vertical）组件下方，并设置样式，登录界面整体布局如图 3-1 所示。

```
<Button
    android:id="@+id/button_alpha"
    android:layout_width="360dp"
    android:layout_height="wrap_content"
    android:layout_below="@+id/input_area"
    android:layout_centerHorizontal="true"
    android:layout_marginTop="35dp"
    android:background="#2196F3"
    android:text=" 登录 "
    android:textColor="@color/white"
    android:textSize="24sp" />
```

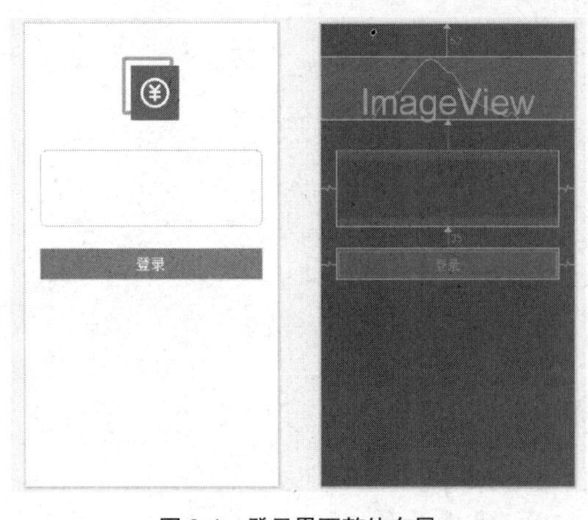

图 3-1　登录界面整体布局

2. 使用 LinearLayout 实现文本输入组合框

（1）向 LinearLayout（vertical）添加两个 EditText 组件，并设置样式，代码如下：

```
<EditText
    android:id="@+id/editTextTextPersonName2"
    style="@style/Widget.AppCompat.EditText"
    android:layout_width="match_parent"
    android:layout_height="wrap_content"
    android:background="@null"
    android:drawableLeft="@drawable/login1"
    android:drawablePadding="10dp"
    android:hint=" 手机号码 / 电子邮箱 "
    android:inputType="textPersonName"
    android:padding="15dp" />
<EditText
    android:id="@+id/editTextTextPassword2"
    android:layout_width="match_parent"
    android:layout_height="wrap_content"
    android:background="@null"
    android:drawableLeft="@drawable/login2"
    android:drawablePadding="10dp"
    android:drawingCacheQuality="high"
    android:ems="10"
    android:hint=" 请输入密码 "
    android:inputType="textPassword"
    android:padding="15dp" />
```

（2）在两个 EditText 组件之间插入一个 View 组件，宽度和容器宽度一致，高度为 1dp，设置背景颜色为 #a6a6a6，代码如下：

```
<View
    android:layout_width="match_parent"
    android:layout_height="1dp"
    android:background="#a6a6a6" />
```

（3）在 res / drawable 下，创建新的图片资源 input_area_style.xml，代码如下：

```
//input_area_style.xml
<?xml version="1.0" encoding="utf-8"?>
<shape xmlns:android="http://schemas.android.com/apk/res/android">
    <solid android:color="#FFFFFF" />
    <stroke android:width="1dp" android:color="#A6A6A6"/>
    <corners android:radius="4pt" />
</shape>
```

（4）利用自定义的图片资源，设置 LinearLayout（vertical）的 background 属性使登录区域呈现如图 3-2 所示的设计效果。

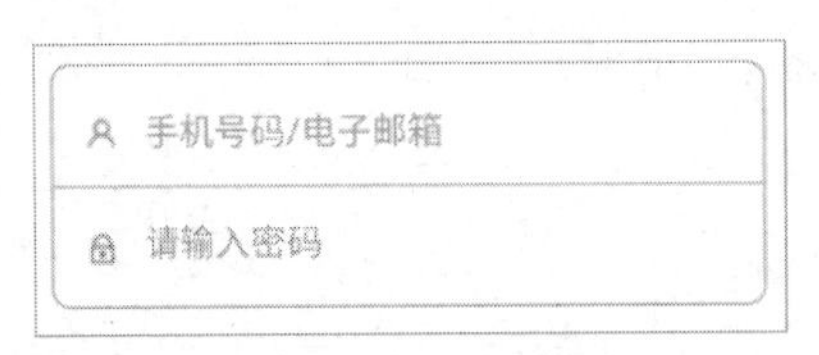

图 3-2　登录区域设计效果

（5）查看登录界面设计效果，如图 3-3 所示。

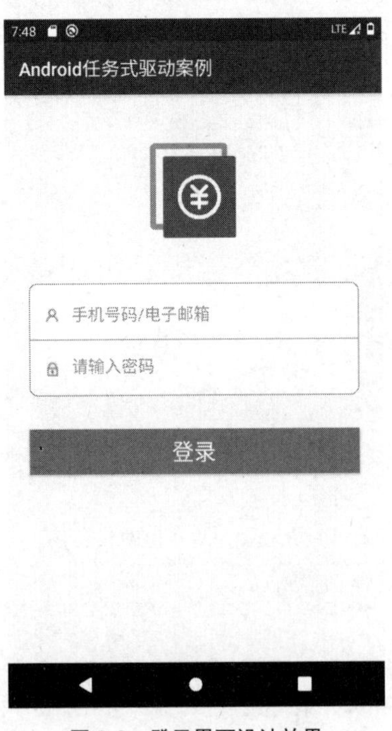

图 3-3　登录界面设计效果

任务拓展——制作用户注册界面

1. 制作注册界面顶部图文信息

（1）创建项目，将素材 ic_yonghu.xml 和 circle_view.xml 添加到 res/drawable/ 目录下。将默认的布局模式修改为 RelativeLayout，在布局中添加图片组件 ImageView，将前景设置为 ic_yonghu.xml，前景对齐方式设置为 center，图片资源设置为 circle_view.xml，参考以下代码，注册界面人物图标如图 3-4 所示。

```
<ImageView
    android:id="@+id/imageView"
    android:layout_width="120dp"
    android:layout_height="120dp"
    android:layout_alignParentTop="true"
    android:layout_centerInParent="true"
    android:layout_marginTop="50dp"
    android:foreground="@drawable/ic_yonghu"
    android:foregroundGravity="center"
    app:srcCompat="@drawable/circle_view" />
```

图 3-4　注册界面人物图标

（2）向界面中添加 1 个 TextView 组件，设置 text 属性为“生成新账号”，textColor 设置为 #FF4C5F，文本大小设置为 20 sp，设置 layout_below 为 @id/imageView，将文本停靠在图片信息的下方，参考以下代码，注册界面文字说明如图 3-5 所示。

```
<TextView
    android:id="@+id/textView"
    android:layout_width="wrap_content"
    android:layout_height="wrap_content"
    android:layout_below="@id/imageView"
    android:layout_centerInParent="true"
    android:layout_marginTop="16dp"
```

```
        android:text=" 生成新账号 "
        android:textColor="#FF4C5F"
        android:textSize="20sp"/>
```

图 3-5 注册界面文字说明

2. 使用 EditText、TextView 和 Button 组件实现注册表单

（1）将素材 login1.jpg、ic_yanzhengma.xml、ic_mima.xml 和 input_bg.xml 添加到 res\drawable 文件夹下。向布局中添加一个 EditText 组件，背景 background 设置为 input_bg.xml，左侧图示 drawableLeft 设置为 login1.jpg，图示和文本的间距 drawablePadding 设置为 16 dp，文本提示 hint 设置为“请输入用户名”，参考以下程序代码，注册界面用户名输入栏如图 2-6 所示。

```
    <EditText
        android:id="@+id/editTextTextPersonName"
        android:layout_width="280dp"
        android:layout_height="50dp"
        android:layout_below="@id/textView"
        android:layout_centerInParent="true"
        android:layout_marginTop="16dp"
        android:background="@drawable/input_bg"
        android:drawableLeft="@drawable/login1"
        android:drawablePadding="16dp"
        android:hint=" 请输入用户名 "
        android:inputType="textPersonName"
        android:paddingLeft="16dp"
        android:textSize="16sp" />
```

图 3-6 注册界面用户名输入栏

（2）参考用户名输入栏的设计方法，完成验证码输入栏和密码输入栏的设计，代码如下：

```
<EditText
    android:id="@+id/editTextNumber"
    android:layout_width="280dp"
    android:layout_height="50dp"
    android:layout_below="@id/editTextTextPersonName"
    android:layout_centerInParent="true"
    android:layout_marginTop="16dp"
    android:background="@drawable/input_bg"
    android:drawableLeft="@drawable/ic_yanzhengma"
    android:drawablePadding="16dp"
    android:ems="10"
    android:hint=" 请输入验证码 "
    android:inputType="number"
    android:paddingLeft="16dp"
    android:textSize="16sp" />

<EditText
    android:id="@+id/editTextTextPassword"
    android:layout_width="280dp"
    android:layout_height="50dp"
    android:layout_below="@id/editTextNumber"
    android:layout_centerInParent="true"
    android:layout_marginTop="16dp"
    android:background="@drawable/input_bg"
    android:drawableLeft="@drawable/ic_mima"
    android:drawablePadding="16dp"
    android:ems="10"
    android:hint=" 请输入密码 "
    android:inputType="textPassword"
    android:paddingLeft="16dp"
    android:textSize="16sp" />
```

（3）在布局中添加按钮组件 Button，将按钮组件和验证码输入栏做上边框对齐和右边框对齐，即 layout_alignTop 和 layout_alignRight 均设置为 @id/editTextNumber，背景 background 设置为 @drawable/button_bg2，文本 text 设置为“获取验证码”，文本颜色 textColor 设置为 @color/white，注册界面输入框如图 3-7 所示，代码如下：

```
<Button
    android:id="@+id/button3"
    android:layout_width="wrap_content"
    android:layout_height="wrap_content"
    android:layout_alignTop="@id/editTextNumber"
    android:layout_alignRight="@id/editTextNumber"
    android:background="@drawable/button_bg2"
    android:text=" 获取验证码 "
    android:textColor="@color/white" />
```

图 3-7　注册界面输入框

（4）参考“获取验证码”按钮，设计“注册”按钮，用户注册界面如图 3-8 所示，代码如下：

```
<Button
    android:id="@+id/button2"
    style="@style/Widget.AppCompat.Button.Borderless.Colored"
    android:layout_width="280dp"
    android:layout_height="50dp"
    android:layout_below="@+id/editTextTextPassword"
    android:layout_centerInParent="true"
    android:layout_marginTop="32dp"
    android:background="@drawable/button_bg"
    android:text=" 注册 "
    android:textColor="@color/white"
    android:textSize="24sp" />
```

图 3-8　用户注册界面

（5）向布局中添加 2 个 TextView，样式设计参考代码如下：

```
<TextView
    android:id="@+id/textView2"
    android:layout_width="wrap_content"
    android:layout_height="wrap_content"
    android:layout_below="@id/button2"
    android:layout_alignLeft="@id/button2"
    android:layout_centerInParent="true"
    android:layout_marginLeft="60dp"
    android:layout_marginTop="16dp"
    android:text=" 注册代表同意 "
    android:textSize="12sp" />
<TextView
    android:id="@+id/textView3"
    android:layout_width="wrap_content"
    android:layout_height="wrap_content"
    android:layout_below="@id/button2"
    android:layout_marginTop="16dp"
    android:layout_toRightOf="@id/textView2"
    android:text="《用户协议》"
    android:textColor="#FF4C5F "
    android:textSize="12sp" />
```

（6）运行程序，用户注册界面的运行效果如图 3-9 所示。

图 3-9　用户注册界面的运行效果

任务巩固——制作趣味七巧板

七巧板是一种古老的中国传统智力玩具，顾名思义，它是由七块板组成的。使用这七块板可拼成 1 600 种以上的图形，请使用相对布局技术利用七巧板素材构建一种有趣的图形。参考效果如图 3-10 所示。

图 3-10　参考效果

任务小结

（1）在 Android 布局中，组件之间存在层次关系，后面定义的组件会覆盖前面定义的组件，界面设计时要充分考虑组件的层叠关系。

（2）相对布局中的元素位置彼此之间存在依赖关系，设置相对位置的时候，要注意使用正确的元素 id 作为参考对象。

（3）合理地运用相对布局，可以降低界面布局的深度，提高程序的运行效率。

任务 4
使用约束布局进行界面设计

任务场景

ConstraintLayout 可让用户使用扁平视图层次结构（无嵌套视图组）创建复杂的大型布局。它与 RelativeLayout 相似，其中所有的视图均根据同级视图与父布局之间的关系进行布局，但其灵活性要高于 RelativeLayout，并且更易于与 Android Studio 的布局编辑器配合使用。

寄语：“线性”“相对”有局限，约束布局成方圆。约束布局体现了一种秩序思维，每一个组件元素都在约束范围内得到自由与和谐，秩序的美是一种精神文化。

任务目标

（1）约束布局的基本属性。

（2）约束布局的元素定位方法。

（3）约束布局中的链。

任务准备

微课视频

1. 约束布局 ConstraintLayout

约束布局 ConstraintLayout 可以认为是相对布局和线性布局的结合版，同时 Android Studio 的布局编辑器也提供了对 ConstraintLayout 完善的编辑支持。使用 ConstraintLayout 能够在单一层级中轻松实现复杂的布局设计，大大减少了视图层次的嵌套。这种减少嵌套的做法在视图渲染时能有效降低不必要的尺寸测量和布局配置的性能损耗。特别是当原本的嵌套层级较多时，采用 ConstraintLayout 所带来的效率提升将会更加显著。

（1）元素的约束定位。

要在 ConstraintLayout 中确定 View 的位置，必须至少添加一个水平和垂直的约束。每一个约束表示与另一个 View、父布局或不可见的参考线的连接或对齐。如果水平或垂直方向上没有约束，那么元素位置就是 0。ConstraintLayout 相关属性如表 4-1 所示。

表 4-1　ConstraintLayout 相关属性

属　性	描　述
layout_constraintLeft_toLeftOf	与参照视图左对齐
layout_constraintLeft_toRightOf	位于参照视图右侧
layout_constraintRight_toLeftOf	位于参照视图左侧
layout_constraintRight_toRightOf	与参照视图右对齐
layout_constraintTop_toTopOf	与参照视图上对齐
layout_constraintTop_toBottomOf	位于参照视图底部
layout_constraintBottom_toTopOf	位于参照视图顶部
layout_constraintBottom_toBottomOf	与参照视图下对齐
layout_constraintBaseline_toBaselineOf	与参照视图进行文本基线对齐
layout_constraintHorizontal_bias	水平方向偏向，取值为 0 ～ 1
layout_constraintVertical_bias	垂直方向偏向，取值为 0 ～ 1

约束布局示意图如图 4-1 所示。在图 4-1 中，布局在编辑器中看起来很完美，但视图 C 上却没有垂直约束条件。在设备上绘制此布局时，虽然视图 C 与视图 A 的左右边缘水平对齐，但由于没有垂直约束条件，它会显示在屏幕顶部。

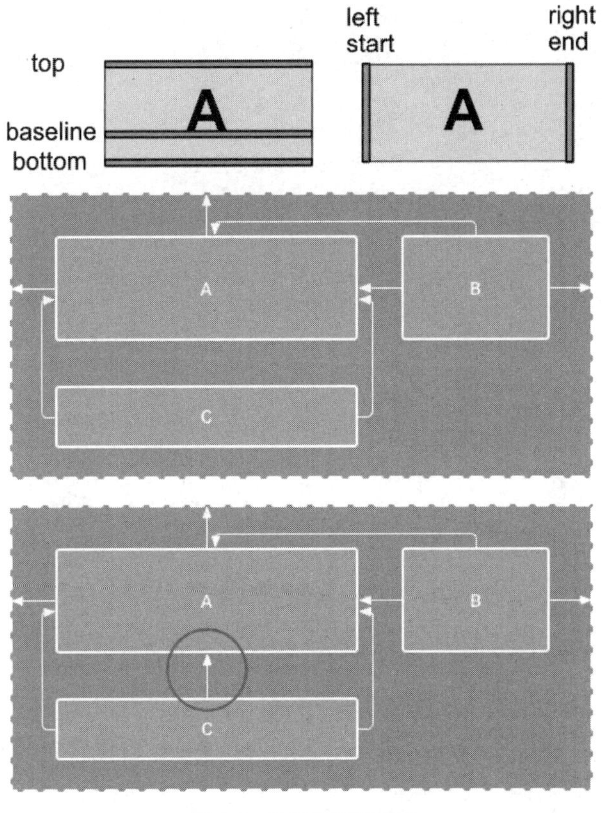

图 4-1　约束布局示意图

虽然缺少约束条件不会导致出现编译错误，但布局编辑器会将缺少约束条件作为错误显示在工具栏中。要查看错误和其他警告，请单击 Show Warnings and Errors 按钮。为帮助用户避免出现缺少约束条件这一问题，布局编辑器会使用 AutoConnect 和 Infer Constraints 功能自动为用户添加约束条件。

（2）约束布局常见的应用场景。

①水平居中对齐示意图如图 4-2 所示。

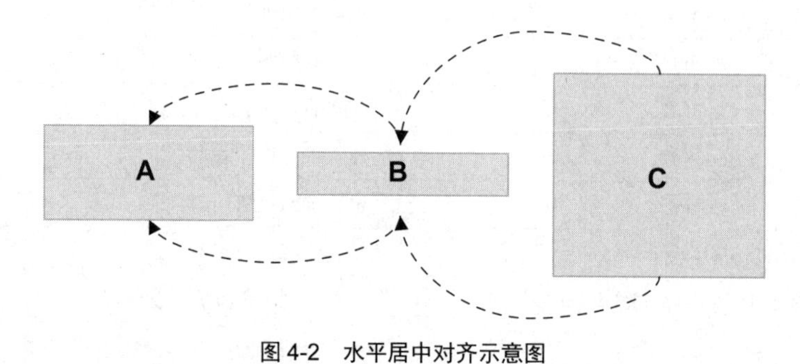

图 4-2　水平居中对齐示意图

②半透布局示意图如图 4-3 所示。

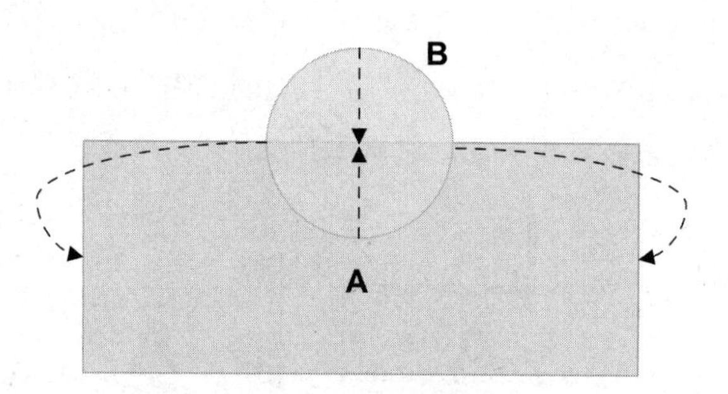

图 4-3　半透布局示意图

③环形布局示意图如图 4-4 所示。

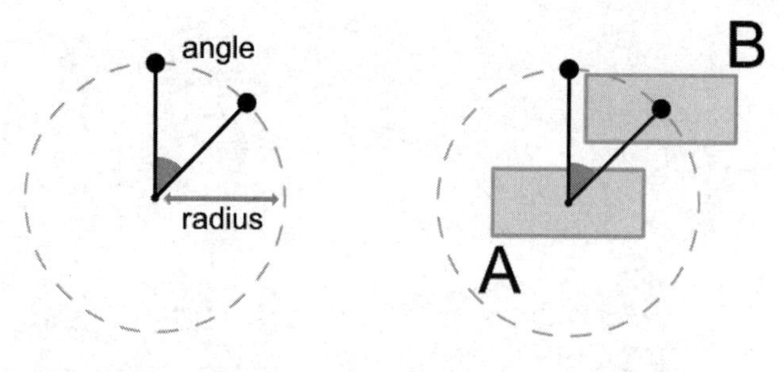

图 4-4　环形布局示意图

（3）约束布局中的链 Chain。

在约束布局中，Chain 是一种用于管理和组织视图之间关系的概念。它允许将多个视图链接在一起，形成一个链条，以便在布局中以一种灵活和自适应的方式进行排列。约束布局 Chain 的几种排列方式如图 4-5 所示。

在约束布局中，有以下 3 种类型的 Chain。

Spread Chain（分散链）：在这种链中，每个视图都会平均地分散在链的空间内，它们之间的间距相等。

Spread Inside Chain（内部分散链）：这种链与分散链类似，但是首尾两端的视图会贴近父布局的边界，而中间的视图会平均分散在剩余的空间内。

Packed Chain（紧凑链）：在这种链中，所有的视图会被挤在一起，它们之间的间距会被最小化，同时保持它们之间的相对位置关系。也可以通过 Bias 属性设置偏移量，让紧凑链呈现出偏移效果（Packed Chain with Bias）。

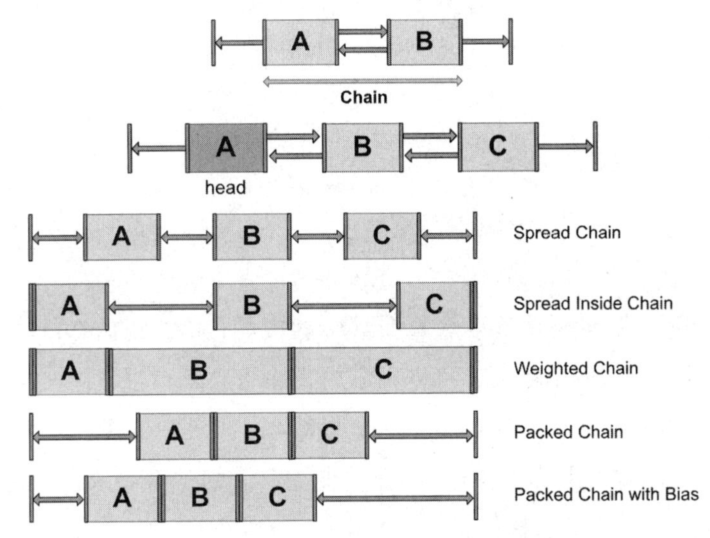

图 4-5　约束布局 Chain 的几种排列方式

图 4-5 中的 Weighted Chain（带权重的链）不是一个单独的链样式，而是指任何使用权重分配空间的链。无论链是分散、内部分散还是紧凑的，权重都可以用来影响链中元素的大小和分布。

2. 单选按钮 RadioButton 组件和单选按钮组 RadioGroup

单选按钮可让用户从一系列选项中选择一个选项。对于可选项相互排斥的情况，若用户需要并排看到所有可用选项，则应使用单选按钮。

要创建各个单选按钮选项，请在布局中创建一个 RadioButton。不过，由于单选按钮选项是互斥的，所以必须将它们聚集到 RadioGroup 内。将它们聚集为一组后，系统就可以确保一次只选择一个单选按钮。示例代码如下：

```
<?xml version="1.0" encoding="utf-8"?>
<RadioGroup xmlns:android="http://schemas.android.com/apk/res/android"
    android:layout_width="match_parent"
    android:layout_height="wrap_content"
```

```
    android:orientation="vertical">
    <RadioButton android:id="@+id/radio1"
        android:layout_width="wrap_content"
        android:layout_height="wrap_content"
        android:text=" 我是选项一 "
        android:onClick="onRadioButtonClicked"/>
    <RadioButton android:id="@+id/radio2"
        android:layout_width="wrap_content"
        android:layout_height="wrap_content"
        android:text=" 我是选项二 "
        android:onClick="onRadioButtonClicked"/>
</RadioGroup>
```

3. 滚动视图 ScrollView

在 Android 中的内容滚动，通常通过滚动视图 ScrollView 来实现。任何可能超出容器边框的标准布局都应该嵌套在 ScrollView 中，以便用户查看。

ScrollView 使用户能够滚动查看放置在其中的视图内容。ScrollView 只能添加一个子视图，如果要在其中添加多个视图，可以先添加线性布局或相对布局，再在线性布局或相对布局中添加其他视图。ScrollView 只支持垂直滚动，如果想要实现水平滚动，需要使用 HorizontalScrollView。建议不要在 ScrollView 中添加 RecyclerView 或 ListView，会导致滚动事件冲突。ScrollView 的主要属性如表 4-2 所示。

表 4-2　ScrollView 的主要属性

属　性	描　述
scrollbarSize	设置滚动条的宽度
scrollbarStyle	设置滚动条的风格和位置。设置值：insideOverlay、insideInset、outsideOverlay、outsideInset
scrollbars	设置滚动条显示。设置值：none（隐藏）、horizontal（水平）、vertical（垂直）
fadingEdge	设置滚动条时，边框渐变的方向。设置值：none（边框颜色不变）、horizontal（水平方向颜色变淡）、vertical（垂直方向颜色变淡）

任务演练——制作会员权益展示界面

微课视频

1. 构建会员权益展示界面的用户信息模块

（1）创建项目，将布局的背景设置为 bg2.jpg，代码如下：

```
<?xml version="1.0" encoding="utf-8"?>
<androidx.constraintlayout.widget.ConstraintLayout xmlns:android="http://
schemas.android.com/apk/res/android"
```

```
    xmlns:app="http://schemas.android.com/apk/res-auto"
    xmlns:tools="http://schemas.android.com/tools"
    android:layout_width="match_parent"
    android:layout_height="match_parent"
    android:background="@drawable/bg2"
    tools:context=".Example2Activity">

</androidx.constraintlayout.widget.ConstraintLayout>
```

（2）向界面中添加一个 ImageView 组件，设置属性 srcCompat 为 @drawable/star，并在左侧、右侧和上方添加约束，代码如下：

```
<ImageView
    android:id="@+id/imageView2"
    android:layout_width="0dp"
    android:layout_height="150dp"
    android:elevation="10dp"
    android:scaleType="center"
    android:translationZ="5dp"
    app:layout_constraintEnd_toEndOf="parent"
    app:layout_constraintHorizontal_bias="0.0"
    app:layout_constraintStart_toStartOf="parent"
    app:layout_constraintTop_toTopOf="parent"
    app:srcCompat="@drawable/star" />
```

（3）在 build.gradle 中添加圆形图片组件的依赖 implementation ‘de.hdodenhof:circleimageview:3.1.0’，然后回到布局中添加圆形图片组件，设置 src 属性为 @drawable/pet_dog，将组件的上方和下方约束至 imageView2 的底边，形成半透效果，设置代码如下：

```
<de.hdodenhof.circleimageview.CircleImageView
    android:id="@+id/imageView3"
    android:layout_width="120dp"
    android:layout_height="120dp"
    android:elevation="20dp"
    android:scaleType="centerCrop"
    android:src="@drawable/pet_dog"
    app:layout_constraintBottom_toBottomOf="@+id/imageView2"
    app:layout_constraintHorizontal_bias="0.2"
    app:layout_constraintLeft_toLeftOf="parent"
```

```
    app:layout_constraintRight_toRightOf="parent"
    app:layout_constraintTop_toBottomOf="@+id/imageView2" />
```

（4）使用 TextView 组件添加用户信息，并设置样式，用户信息模块如图 4-6 所示。参考代码如下：

图 4-6 用户信息模块

```
<TextView
    android:id="@+id/textView10"
    android:layout_width="wrap_content"
    android:layout_height="wrap_content"
    android:elevation="20dp"
    android:text="XiaoChen"
    android:textColor="#FFFFFF"
    android:textSize="24sp"
    app:layout_constraintBottom_toBottomOf="@+id/imageView2"
    app:layout_constraintEnd_toStartOf="@+id/textView11"
    app:layout_constraintStart_toEndOf="@+id/imageView3"
    app:layout_constraintTop_toTopOf="@+id/imageView3" />

<TextView
    android:id="@+id/textView11"
    android:layout_width="wrap_content"
    android:layout_height="wrap_content"
    android:layout_marginStart="8dp"
    android:elevation="20dp"
    android:text="Vip7"
    android:textColor="#FFFFFF"
    app:layout_constraintBaseline_toBaselineOf="@id/textView10"
    app:layout_constraintStart_toEndOf="@+id/textView10" />
```

```
<View
    android:layout_width="match_parent"
    android:layout_height="120dp"
    android:background="#434E7B"
    app:layout_constraintEnd_toEndOf="parent"
    app:layout_constraintStart_toStartOf="parent"
    app:layout_constraintTop_toBottomOf="@id/imageView2" />

<TextView
    android:id="@+id/textView12"
    android:layout_width="wrap_content"
    android:layout_height="wrap_content"
    android:text=" 所有绕过的弯，迈过的坎，\n 都会成你人生中最美丽的风景！ "
    android:textColor="#ffffff"
    app:layout_constraintBottom_toBottomOf="@id/imageView3"
    app:layout_constraintLeft_toRightOf="@id/imageView3"
    app:layout_constraintTop_toBottomOf="@id/imageView2"
    app:layout_constraintVertical_bias="0.25" />

<TextView
    android:id="@+id/textView15"
    android:layout_width="wrap_content"
    android:layout_height="wrap_content"
    android:layout_marginStart="8dp"
    android:layout_marginTop="8dp"
    android:text=" 社区 :100"
    android:textColor="#ffffff"
    app:layout_constraintEnd_toEndOf="parent"
    app:layout_constraintStart_toEndOf="@+id/textView14"
    app:layout_constraintTop_toBottomOf="@+id/imageView3" />

<TextView
    android:id="@+id/textView14"
    android:layout_width="wrap_content"
    android:layout_height="wrap_content"
    android:layout_marginStart="8dp"
    android:layout_marginTop="8dp"
```

```
        android:layout_marginEnd="8dp"
        android:text=" 粉丝 :100"
        android:textColor="#ffffff"
        app:layout_constraintEnd_toStartOf="@+id/textView15"
        app:layout_constraintStart_toEndOf="@+id/textView13"
        app:layout_constraintTop_toBottomOf="@+id/imageView3" />

    <TextView
        android:id="@+id/textView13"
        android:layout_width="wrap_content"
        android:layout_height="wrap_content"
        android:layout_marginTop="8dp"
        android:layout_marginEnd="8dp"
        android:text=" 关注 :100"
        android:textColor="#ffffff"
        app:layout_constraintEnd_toStartOf="@+id/textView14"
        app:layout_constraintHorizontal_chainStyle="packed"
        app:layout_constraintStart_toStartOf="parent"
        app:layout_constraintTop_toBottomOf="@+id/imageView3" />
```

2. 构建权益展示模块

（1）向布局中添加一个按钮，将其定位到权益展示区域的中心位置并设置样式，代码如下：

```
    <Button
        android:id="@+id/button3"
        style="@style/Widget.AppCompat.Button.Borderless"
        android:layout_width="100dp"
        android:layout_height="100dp"
        android:background="@drawable/circle_btn"
        android:text=" 会员权益 "
        android:textColor="#ffffff"
        android:textSize="18sp"
        android:textStyle="bold"
        app:layout_constraintBottom_toBottomOf="parent"
        app:layout_constraintEnd_toEndOf="parent"
        app:layout_constraintStart_toStartOf="parent"
        app:layout_constraintTop_toBottomOf="@id/textView14" />
```

（2）步骤（1）中的背景图片在 res/drawable 下，该资源 circle_btn.xml 的创建代码如下：

```
//circle_btn.xml
<?xml version="1.0" encoding="utf-8"?>
<shape xmlns:android="http://schemas.android.com/apk/res/android"
    android:shape="oval">
    <solid android:color="#FFA171" />
    <size android:height="80dp" android:width="80dp"/>
    <gradient android:startColor="#FF5695" android:endColor="#FFC399"/>
</shape>
```

（3）添加 6 个 Button 组件，使用 layout_constraintCircleAngle 和 layout_constraintCircleRadius 两个属性实现环形布局效果，代码如下：

```
<Button
    android:id="@+id/button4"
    style="@style/Widget.AppCompat.Button.Borderless"
    android:layout_width="80dp"
    android:layout_height="wrap_content"
    android:background="@drawable/circle_btn"
    android:text=" 等级礼包 "
    android:textColor="#ffffff"
    android:textStyle="bold"
    app:layout_constraintCircle="@id/button3"
    app:layout_constraintCircleAngle="0"
    app:layout_constraintCircleRadius="120dp"
    tools:ignore="MissingConstraints"
    tools:layout_editor_absoluteX="156dp"
    tools:layout_editor_absoluteY="345dp" />

<Button
    android:id="@+id/button5"
    style="@style/Widget.AppCompat.Button.Borderless"
    android:layout_width="80dp"
    android:layout_height="wrap_content"
    android:background="@drawable/circle_btn"
    android:text=" 折扣升级 "
```

```
        android:textColor="#ffffff"
        android:textStyle="bold"
        app:layout_constraintCircle="@id/button3"
        app:layout_constraintCircleAngle="60"
        app:layout_constraintCircleRadius="120dp"
        tools:ignore="MissingConstraints"
        tools:layout_editor_absoluteX="259dp"
        tools:layout_editor_absoluteY="405dp" />

    <Button
        android:id="@+id/button6"
        style="@style/Widget.AppCompat.Button.Borderless"
        android:layout_width="80dp"
        android:layout_height="wrap_content"
        android:background="@drawable/circle_btn"
        android:text=" 生日礼包 "
        android:textColor="#ffffff"
        android:textStyle="bold"
        app:layout_constraintCircle="@id/button3"
        app:layout_constraintCircleAngle="120"
        app:layout_constraintCircleRadius="120dp"
        tools:ignore="MissingConstraints"
        tools:layout_editor_absoluteX="259dp"
        tools:layout_editor_absoluteY="525dp" />

    <Button
        android:id="@+id/button7"
        style="@style/Widget.AppCompat.Button.Borderless"
        android:layout_width="80dp"
        android:layout_height="wrap_content"
        android:background="@drawable/circle_btn"
        android:text=" 商城优惠 "
        android:textColor="#ffffff"
        android:textStyle="bold"
        app:layout_constraintCircle="@id/button3"
        app:layout_constraintCircleAngle="180"
        app:layout_constraintCircleRadius="120dp"
```

```
        tools:ignore="MissingConstraints"
        tools:layout_editor_absoluteX="156dp"
        tools:layout_editor_absoluteY="585dp" />

    <Button
        android:id="@+id/button8"
        style="@style/Widget.AppCompat.Button.Borderless"
        android:layout_width="80dp"
        android:layout_height="wrap_content"
        android:background="@drawable/circle_btn"
        android:text=" 专享皮肤 "
        android:textColor="#ffffff"
        android:textStyle="bold"
        app:layout_constraintCircle="@id/button3"
        app:layout_constraintCircleAngle="240"
        app:layout_constraintCircleRadius="120dp"
        tools:ignore="MissingConstraints"
        tools:layout_editor_absoluteX="52dp"
        tools:layout_editor_absoluteY="525dp" />

    <Button
        android:id="@+id/button9"
        style="@style/Widget.AppCompat.Button.Borderless"
        android:layout_width="80dp"
        android:layout_height="wrap_content"
        android:background="@drawable/circle_btn"
        android:text=" 专属观影 "
        android:textColor="#ffffff"
        android:textStyle="bold"
        app:layout_constraintCircle="@id/button3"
        app:layout_constraintCircleAngle="300"
        app:layout_constraintCircleRadius="120dp"
        tools:ignore="MissingConstraints"
        tools:layout_editor_absoluteX="52dp"
        tools:layout_editor_absoluteY="405dp" />
```

（4）查看设计效果，会员权益展示界面如图 4-7 所示。

图 4-7　会员权益展示界面

任务拓展——制作宠物领养界面

微课视频

1. 搭建领养界面基本结构

（1）创建项目，打开 res/values/styles.xml，将 style 标签中的 parent 属性修改为 Theme.AppCompat.Light.NoActionBar, 去除应用程序的标题栏。

（2）向项目中添加图片素材，向界面中添加 1 个 ImageView 组件，设置 srcCompat 属性为 @drawable/pet_dog，设置 scaleType 属性为 centerCrop，并且定位在屏幕上方。

（3）向界面中添加一个滚动视图，定位到图片素材下方，添加圆角矩形背景图，界面整体布局如图 4-8 所示，详细代码如下。

```
<androidx.constraintlayout.widget.ConstraintLayout xmlns:android="http://
schemas.android.com/apk/res/android"
    xmlns:app="http://schemas.android.com/apk/res-auto"
    xmlns:tools="http://schemas.android.com/tools"
    android:layout_width="match_parent"
    android:layout_height="match_parent"
    tools:context=".Task03ConstraintLayout.Task03AnimalInfoActivity">

    <ImageView
        android:id="@+id/imageView"
        android:layout_width="0dp"
        android:layout_height="365dp"
```

```
        android:layout_marginBottom="365dp"
        android:scaleType="centerCrop"
        app:layout_constraintBottom_toBottomOf="parent"
        app:layout_constraintEnd_toEndOf="parent"
        app:layout_constraintStart_toStartOf="parent"
        app:layout_constraintTop_toTopOf="parent"
        app:srcCompat="@drawable/task03_anim_pet_dog" />

    <ScrollView
        android:layout_width="0dp"
        android:layout_height="380dp"
        android:background="@drawable/task03_anim_pet_info"
        android:elevation="20dp"
        app:layout_constraintBottom_toBottomOf="parent"
        app:layout_constraintEnd_toEndOf="parent"
        app:layout_constraintStart_toStartOf="parent"
        app:layout_constraintTop_toBottomOf="@+id/imageView">
    </ScrollView>
</androidx.constraintlayout.widget.ConstraintLayout>
```

图 4-8　界面整体布局

2. 制作宠物狗详情模块

（1）添加 4 个 TextView 组件，并设置宠物狗描述信息。它们分别显示了文字“小型犬”“小布鲁托”“品种：八哥犬”和“毛色 Colors”。layout_width 属性设置为 match_parent，表示每个文本视图占用整个父布局的宽度。layout_height 属性设置为 wrap_content，表示高度由文本内容和字体大小来确定。textSize 属性设置文本大小，而 textStyle 属性设置文本样式，bold 表示加粗。layout_marginTop 属性设置视图与其上面的视图之间的距离，代码如下：

```
<TextView
    android:id="@+id/textView"
    android:layout_width="match_parent"
    android:layout_height="wrap_content"
    android:text=" 小型犬 "
    android:textSize="18sp"
    android:textStyle="bold" />

<TextView
    android:id="@+id/textView2"
    android:layout_width="match_parent"
    android:layout_height="wrap_content"
    android:text=" 小布鲁托 "
    android:textSize="36sp"
    android:textStyle="bold" />

<TextView
    android:id="@+id/textView3"
    android:layout_width="match_parent"
    android:layout_height="wrap_content"
    android:layout_marginTop="10dp"
    android:text=" 品种: 八哥犬 "
    android:textSize="18sp"
    android:textStyle="bold" />

<TextView
    android:id="@+id/textView4"
    android:layout_width="match_parent"
    android:layout_height="wrap_content"
    android:layout_marginTop="20dp"
    android:text=" 毛色  Colors"
    android:textSize="18sp"
    android:textStyle="bold" />
```

（2）添加一个 RadioGroup 组件，RadioGroup 的宽度设置为 200 dp，高度设置为 match_parent，即父布局高度，orientation 属性设置为 horizontal，表示其中的 RadioButton 将水平排列。其中每个 RadioButton 都有一个唯一的 ID（android:id）。每个 RadioButton 的宽高都为 50 dp。这些 RadioButton 组件都指定了显示状态，使用 background 属性来指定背景。其中，@drawable/task03_anim_radio_check 表示黑色，@drawable/task03_anim_radio_pink 表示粉色，@drawable/task03_anim_radio_brown 表示棕色，@drawable/task03_anim_radio_mix 表示混色。button 属性设置为 @null，表示不显示默认按钮，代码如下：

```
<RadioGroup
    android:layout_width="200dp"
    android:layout_height="match_parent"
    android:layout_marginTop="5dp"
    android:orientation="horizontal">

    <RadioButton
        android:id="@+id/radioButton"
        android:layout_width="50dp"
        android:layout_height="50dp"
        android:background="@drawable/task03_anim_radio_check"
        android:button="@null" />

    <RadioButton
        android:id="@+id/radioButton2"
        android:layout_width="50dp"
        android:layout_height="50dp"
        android:background="@drawable/task03_anim_radio_pink"
        android:button="@null" />

    <RadioButton
        android:id="@+id/radioButton3"
        android:layout_width="50dp"
        android:layout_height="50dp"
        android:background="@drawable/task03_anim_radio_brown"
        android:button="@null" />
```

```
    <RadioButton
        android:id="@+id/radioButton4"
        android:layout_width="50dp"
        android:layout_height="50dp"
        android:background="@drawable/task03_anim_radio_mix"
        android:button="@null" />
</RadioGroup>
```

（3）自定义的单选框样式通过图像选择器实现。Android 图像选择器可以根据不同的状态选择不同的图像，例如：可用、不可用、已选中等状态。在这个选择器文件中，有两个 item 元素。当 RadioButton 不被选中时 state_checked="false"，则会显示第一个 item 元素中设定的背景图片 @drawable/task03_anim_color1_f。当 RadioButton 被选中时 state_checked="true"，则会显示第二个 item 元素中设定的背景图片 @drawable/task03_anim_color1_t。这个选择器文件可以被用于 RadioButton 组件的背景图片设置，以显示选中和未选中状态下的不同背景，代码如下：

```
<?xml version="1.0" encoding="utf-8"?>
<selector xmlns:android="http://schemas.android.com/apk/res/android">
    <item android:drawable="@drawable/task03_anim_color1_f" android:state_
checked="false"/>
    <item android:drawable="@drawable/task03_anim_color1_t" android:state_
checked="true"/>
</selector>
```

（4）添加一个水平滚动视图，将水平滚动视图容器的宽度设置为 match_parent，高度设置为 100 dp，并添加一个 10 dp 的上边距。约束布局容器的宽度设置为 1 000dp，高度设置为 match_parent，并且设置为水平方向即 orientation="horizontal"。约束布局容器中包括了多个 TextView 组件，它们的布局位置都已使用约束布局的方式在容器内指定。translationZ 属性设置视图 Z 轴的高度，其结合 elevation 属性可以实现立体的效果。HorizontalScrollView 容器允许用户在文本框的宽度超过屏幕宽度的情况下，通过滑动来查看所有的文本框。代码如下：

```
<HorizontalScrollView
    android:layout_width="match_parent"
    android:layout_height="100dp"
    android:layout_marginTop="10dp">
```

```
    <androidx.constraintlayout.widget.ConstraintLayout
        android:layout_width="1000dp"
        android:layout_height="match_parent"
        android:orientation="horizontal">

        <TextView
            android:id="@+id/textView9"
            android:layout_width="80dp"
            android:layout_height="80dp"
            android:layout_marginRight="25dp"
            android:background="@drawable/task03_anim_params_bg"
            android:gravity="center"
            android:text=" 性别 \n 公犬 "
            android:textSize="14sp"
            android:translationZ="5dp"
            app:layout_constraintBottom_toBottomOf="parent"
            app:layout_constraintEnd_toStartOf="@+id/textView8"
            app:layout_constraintStart_toStartOf="parent"
            app:layout_constraintTop_toTopOf="parent" />

       // 此处省略其他几个 TextView 的代码

    </androidx.constraintlayout.widget.ConstraintLayout>
</HorizontalScrollView>
```

（5）下面添加一个 FrameLayout 视图容器，并在其中添加两个 Button 组件。FrameLayout 是 Android 中的一种布局容器，可以包含一个或多个视图，并根据用户指定的规则对这些视图进行布局。FrameLayout 的宽度和高度都设置为 match_parent，即充满整个父布局。elevation 属性设置 Z 轴高度，使视图具有立体和重叠效果。layout_constraint 属性为约束布局使用，用于指定视图相对于其他视图的位置。第一个 Button 组件中，background 属性设置为 @drawable/task03_anim_button_adopt，drawableRight 属性设置为 @android:drawable/ic_dialog_info，并且使用 paddingRight 属性来增加文本与图标之间的间距。该按钮将放置在底部右侧。第二个 Button 组件中，background 属性设置为

@drawable/task03_button_favor，呈现为一个心形图案，该按钮将置于底部左侧，并且在被点击时执行动画效果。代码如下：

```
<FrameLayout
    android:layout_width="match_parent"
    android:layout_height="match_parent"
    android:elevation="21dp"
    app:layout_constraintBottom_toBottomOf="parent"
    app:layout_constraintEnd_toEndOf="parent"
    app:layout_constraintStart_toStartOf="parent"
    app:layout_constraintTop_toTopOf="parent">

    <Button
        android:id="@+id/button_alpha"
        style="@style/Widget.AppCompat.Button.Borderless"
        android:layout_width="199dp"
        android:layout_height="80dp"
        android:layout_gravity="bottom|right"
        android:layout_marginRight="20dp"
        android:layout_marginBottom="20dp"
        android:background="@drawable/task03_anim_button_adopt"
        android:drawableRight="@android:drawable/ic_dialog_info"
        android:elevation="5dp"
        android:paddingRight="20dp"
        android:text=" 领养信息 "
        android:textColor="#FFFFFF"
        android:textSize="24sp"
        android:translationZ="23dp" />

    <Button
        android:id="@+id/button_rotate"
        style="@style/Widget.AppCompat.Button.Borderless"
        android:layout_width="80dp"
        android:layout_height="80dp"
```

```
            android:layout_gravity="bottom"
            android:layout_marginLeft="20dp"
            android:layout_marginBottom="20dp"
            android:background="@drawable/task03_button_favor"
            android:elevation="5dp"
            android:padding="20dp"
            android:translationZ="25dp" />
</FrameLayout>
```

（6）运行程序，宠物领养界面的运行效果如图 4-9 所示。

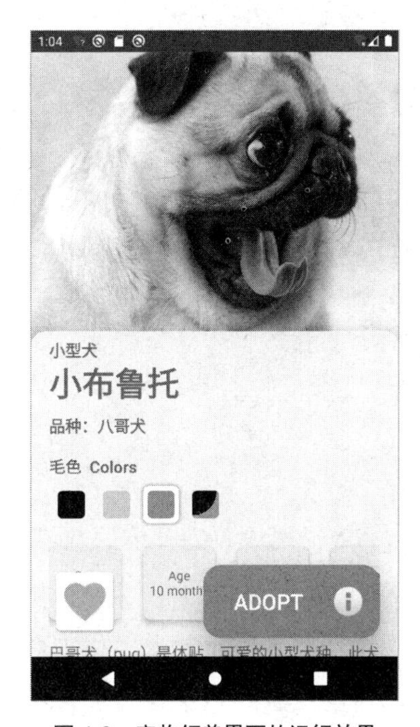

图 4-9　宠物领养界面的运行效果

任务巩固——制作信息分享详情界面

设计社交平台信息分享详情界面需要展示分享的基本信息，包括标题、内容、分享者的头像和用户名等，同时合理地展示多媒体内容，如图片、视频或音频。用户应该能够对分享进行评论和点赞，并查看分享的转发数量和转发者的信息。此外，相关推荐功能可以根据分享的内容展示相关的推荐内容。另外，根据用户的兴趣和关注的话题，个性化展示相关内容，以提高用户的阅读体验。通过合理的布局和功能设计，可以提高用户的使用体验，增加用户的互动和参与度。请参考 Android Studio 官方技术文档，制作信息分享详情界面，参考图如图 4-10 所示。

图 4-10　信息分享详情界面参考图

任务小结

（1）约束布局容器的宽度和高度需要设置为具体的数值或 match_constraint（0 dp），不能设置为 wrap_content，否则约束布局容器的大小将会是不确定的。

（2）约束布局容器内部的视图需要通过设置水平和垂直方向上的约束条件来确定其位置和大小。在设置约束条件时，需要注意约束条件的优先级和顺序，以避免出现布局混乱的情况。

（3）在使用约束布局时，需要注意不要过度使用约束条件，否则会导致布局复杂度增加，不利于维护和调试。

（4）约束布局容器内部的视图需要设置好宽度和高度，否则无法正确进行约束布局。

（5）在使用约束布局时，需要注意不同版本的 Android 系统对约束布局的支持程度不同，需要进行兼容性测试和适配。

（6）在约束布局中，可以使用链（Chain）来对多个视图进行约束，以实现更加灵活的布局效果。但在使用链时，需要注意链的方向和类型，以避免出现布局错误。

任务 5 交互组件的使用

任务场景

Android 交互组件主要用于用户与应用程序之间的交互，包括输入、选择等。常见的交互组件包括 EditText、Button、CheckBox、RadioButton、Spinner、ListView、RecyclerView、ProgressBar、SeekBar、Switch、RatingBar、DatePicker、TimePicker 和 WebView 等，它们可以根据应用的实际需求进行组合和定制，以实现更加丰富和灵活的用户体验。这些交互组件广泛应用于登录、注册、搜索、设置、筛选、调查、消息列表、联系人列表、商品列表、文件上传、文件下载、视频播放、评论、日历、提醒、预约、浏览器、新闻客户端等各种场景。

寄语：不驰空想不骛虚，求真务实争卓越。交互设计可以天马行空，亦可下里巴人，但是用户体验永远排在第一位。可以使用鲜明配色提高文字的识别性；内容区块保留以白色、灰色为主的设计，增加文字的易读性。减少装饰性线条的设计，以及加大区块间的间距，让应用程序显得更有条理。

任务目标

（1）熟悉 Android 常用的界面组件。

（2）熟悉 Android 的样式和主题。

（3）熟练使用 Android 的资源文件。

（4）熟悉 Android 的点击事件处理机制。

（5）熟悉 Android 的自定义组件和布局。

任务准备

1. EditText 文本输入

在 Android 中，EditText 是一种用户界面组件，用于让用户输入和编辑文本。下面介绍使用 EditText 的基本步骤。

（1）添加 EditText 组件到布局文件。

在布局文件中，添加 EditText 标签来定义一个 EditText 组件。例如：

```
<EditText
    android:id="@+id/edit_text"
    android:layout_width="match_parent"
    android:layout_height="wrap_content"
    android:hint="Enter your text here" />
```

其中，id 属性用于指定组件的 id，方便在 Java 代码中进行引用；layout_width 和 layout_height 属性分别设置组件的宽度和高度；hint 属性设置默认提示文本，在用户未输入任何内容时显示。

（2）在 Java 代码中获取 EditText 组件的引用。

要在 Java 代码中操作 EditText 组件，需要先获取其引用。可以使用 findViewById() 方法根据组件的 id 获取引用，例如：

```
EditText editText = (EditText) findViewById(R.id.edit_text);
```

通过 getText() 方法可以获取 EditText 组件当前显示的文本内容。例如：

```
String text = editText.getText().toString();
```

定义的 text 变量可以用于后续处理或显示。

通过 setText() 方法可以修改 EditText 组件的文本内容。例如：

```
editText.setText("New text");
```

（3）监听 EditText 组件的内容变化。

可以为 EditText 组件添加文本改变监听器（TextWatcher），以便在用户输入内容时做出相应的响应。例如：

```
editText.addTextChangedListener(new TextWatcher() {
    @Override
```

```
    public void beforeTextChanged(CharSequence s, int start, int count,
int after) {
        // 在文本改变前调用的方法
    }

    @Override
    public void onTextChanged(CharSequence s, int start, int before, int
count) {
        // 在文本改变时调用的方法
    }

    @Override
    public void afterTextChanged(Editable s) {
        // 在文本改变后调用的方法
    }
});
```

可以在 beforeTextChanged() 方法中记录改变前的文本内容，以便在 afterTextChanged() 方法中进行比较或处理。

2. Button 按钮

在 Android 中，Button 是一种用户界面组件，用于响应用户的点击操作。下面介绍使用 Button 的基本步骤。

（1）添加 Button 组件到布局文件。

在布局文件中，添加 Button 标签来定义一个 Button 组件。例如：

```
<Button
    android:id="@+id/button"
    android:layout_width="wrap_content"
    android:layout_height="wrap_content"
    android:text="Click me" />
```

其中，id 属性用于指定组件的 id，方便在 Java 代码中进行引用；layout_width 和 layout_height 属性分别设置组件的宽度和高度；text 属性设置按钮上显示的文本内容。

（2）在 Java 代码中获取 Button 组件的引用。

要在 Java 代码中操作 Button 组件，需要先获取其引用。可以使用 findViewById() 方法根据组件的 id 获取引用，例如：

```
Button button=(Button) findViewById(R.id.button);
```

（3）响应 Button 组件的点击事件。

在 Java 代码中，可以为 Button 组件设置 OnClickListener 监听器，以响应用户的点击操作。例如：

```
button.setOnClickListener(new View.OnClickListener() {
    @Override
    public void onClick(View v) {
        // 点击事件处理代码
    }
});
```

可以在 onClick() 方法中编写点击事件的处理代码。例如，通过 Toast 显示消息：

```
button.setOnClickListener(new View.OnClickListener() {
    @Override
    public void onClick(View v) {
        Toast.makeText(MainActivity.this, "Button clicked", Toast.LENGTH_
SHORT).show();
    }
});
```

其中，MainActivity.this 指当前 Activity 的上下文，Toast.LENGTH_SHORT 表示消息显示时间短（约 2 秒）。

3. RadioButton 按钮

在 Android 中，RadioButton 是一种用户界面组件，通常用于单选列表或选项。下面介绍使用 RadioButton 组件的基本步骤。

（1）添加 RadioButton 组件到布局文件。

在布局文件中，添加 RadioButton 标签来定义一个 RadioButton 组件。例如：

```
<RadioGroup
    android:id="@+id/radio_group"
```

```
    android:layout_width="match_parent"
    android:layout_height="wrap_content">
    <RadioButton
        android:id="@+id/radio_button1"
        android:layout_width="match_parent"
        android:layout_height="wrap_content"
        android:text="Option 1" />
    <RadioButton
        android:id="@+id/radio_button2"
        android:layout_width="match_parent"
        android:layout_height="wrap_content"
        android:text="Option 2" />
</RadioGroup>
```

其中，id 属性用于指定 RadioGroup 和 RadioButton 组件的 id，方便在 Java 代码中进行引用；layout_width 和 layout_height 属性分别设置组件的宽度和高度；text 属性设置选项显示的文本内容。

RadioGroup 是一种特殊的布局容器，可以自动对其中的 RadioButton 进行单选控制，即同一时间仅能选择一个 RadioButton。如果需要多个 RadioButton 可同时选中，可以使用 CheckBox 组件。

（2）在 Java 代码中获取 RadioButton 组件的引用。

要在 Java 代码中操作 RadioButton 组件，需要先获取其引用。可以使用 findViewById() 方法根据组件的 id 获取引用，例如：

```
RadioGroup radioGroup=(RadioGroup) findViewById(R.id.radio_group);
RadioButton radioButton1=(RadioButton) findViewById(R.id.radio_button1);
RadioButton radioButton2=(RadioButton) findViewById(R.id.radio_button2);
```

（3）监听 RadioButton 的选中状态。

可以为 RadioGroup 组件添加 OnCheckedChangeListener 监听器，以便在用户选择不同选项时做出相应的响应。例如：

```
radioGroup.setOnCheckedChangeListener(new RadioGroup.
OnCheckedChangeListener() {
    @Override
    public void onCheckedChanged(RadioGroup group, int checkedId) {
```

```
            if (checkedId == R.id.radio_button1) {
                // 选中 Option 1 时的处理代码
            } else if (checkedId == R.id.radio_button2) {
                // 选中 Option 2 时的处理代码
            }
        }
    });
```

可以根据 checkedId 参数的值判断用户选择的是哪个 RadioButton 选项，并在其中编写相应的处理代码。

4. CheckBox 按钮

在 Android 中，CheckBox 是一种用户界面组件，通常用于多选列表或选项。下面介绍使用 CheckBox 的基本步骤。

（1）添加 CheckBox 组件到布局文件。

在布局文件中，添加 CheckBox 标签来定义一个 CheckBox 组件。例如：

```
<CheckBox
    android:id="@+id/check_box"
    android:layout_width="wrap_content"
    android:layout_height="wrap_content"
    android:text="Option" />
```

其中，id 属性用于指定组件的 id，方便在 Java 代码中进行引用；layout_width 和 layout_height 属性分别设置组件的宽度和高度；text 属性设置选项显示的文本内容。

（2）在 Java 代码中获取 CheckBox 组件的引用。

要在 Java 代码中操作 CheckBox 组件，需要先获取其引用。可以使用 findViewById() 方法根据组件的 id 获取引用，例如：

```
CheckBox checkBox=(CheckBox) findViewById(R.id.check_box);
```

（3）监听 CheckBox 的状态变化。

可以为 CheckBox 组件添加 OnCheckedChangeListener 监听器，以便在用户选择不同选项时做出相应的响应。例如：

```
checkBox.setOnCheckedChangeListener(new CompoundButton.
OnCheckedChangeListener() {
```

```
    @Override
     public void onCheckedChanged(CompoundButton buttonView, boolean
isChecked) {
        if (isChecked) {
            // 勾选时的处理代码
        } else {
            // 取消勾选时的处理代码
        }
    }
});
```

可以根据 isChecked 参数的值判断用户是否勾选了 CheckBox，并在其中编写相应的处理代码。

（4）获取 CheckBox 的状态值。

通过 isChecked() 方法可以获取 CheckBox 组件当前的勾选状态。例如：

```
boolean isChecked=checkBox.isChecked();
```

定义的 isChecked 变量用于后续处理或显示。

（5）设置 CheckBox 的状态值。

通过 setChecked() 方法可以设置 CheckBox 组件的勾选状态。例如：

```
checkBox.setChecked(true);
```

将 CheckBox 勾选状态设置为 true，即选中状态。

5. TextInputLayout 组件

在 Android 中，TextInputLayout 是一种用户界面组件，用于包装 EditText 组件，并提供更好的可访问性和用户体验。下面介绍使用 TextInputLayout 的简单教程。

（1）添加 TextInputLayout 和 EditText 组件到布局文件。

在布局文件中，添加 TextInputLayout 和 EditText 标签来定义一个 TextInputLayout 组件和其内部的 EditText 组件。例如：

```
<com.google.android.material.textfield.TextInputLayout
    android:id="@+id/text_input_layout"
    android:layout_width="match_parent"
    android:layout_height="wrap_content"
    android:hint="Enter your text here">
```

```
    <com.google.android.material.textfield.TextInputEditText
        android:id="@+id/edit_text"
        android:layout_width="match_parent"
        android:layout_height="wrap_content" />

</com.google.android.material.textfield.TextInputLayout>
```

其中，id属性用于指定TextInputLayout和EditText组件的id，方便在Java代码中进行引用；layout_width和layout_height属性分别设置组件的宽度和高度；hint属性设置默认提示文本，在用户未输入任何内容时显示。

（2）在Java代码中获取EditText组件的引用。

要在Java代码中操作EditText组件，需要先获取其引用。可以使用findViewById()方法根据组件的id获取引用，例如：

```
EditText editText=(EditText) findViewById(R.id.edit_text);
```

（3）设置TextInputLayout的错误提示信息。

当用户输入不合法或有误时，可以通过setError()方法设置TextInputLayout的错误提示信息。例如：

```
TextInputLayout textInputLayout=(TextInputLayout) findViewById(R.id.text_
input_layout);
textInputLayout.setError("Invalid input");
```

可以将错误提示信息设置为字符串类型，以通过setError()方法在用户输入不合法时进行显示。

（4）清除TextInputLayout的错误提示信息。

通过调用setError(null)方法可以清除TextInputLayout的错误提示信息。例如：

```
textInputLayout.setError(null);
```

TextInputLayout组件提供了更好的交互体验和可访问性，但相比EditText也会增加布局细节工作量。通过进一步学习Android开发，可以发现TextInputLayout组件更多丰富和灵活的用法。

任务演练——制作身体质量指数计算器

微课视频

1. 构建身体质量指数计算器界面

（1）创建项目，定义一个纵向排列的 LinearLayout 布局，并添加一个大标题和两个文本输入框。其中，大标题位于布局顶部，居中显示，字体大小为 40 sp；两个文本输入框使用 MaterialDesign 风格的 TextInputLayout 组件，通过设置 hint 属性来提示输入内容的格式，通过设置 imeOptions 属性来控制弹出的软键盘按钮。设置 layout_margin 属性使文本框的左右外边距为 16 dp。

（2）向界面中添加一个新的 LinearLayout 布局，添加一个性别选择的单选框组件 RadioGroup、一个“计算”按钮，以及两个用于显示身体质量指数（Body Mass Index，BMI）和诊断信息的 TextView 组件。其中，RadioGroup 布局设置为水平方向排列，包含了男、女两个 RadioButton 单选按钮，通过设置 checked 属性来确定默认选中的 RadioButton。身体质量指数计算器界面如图 5-1 所示。

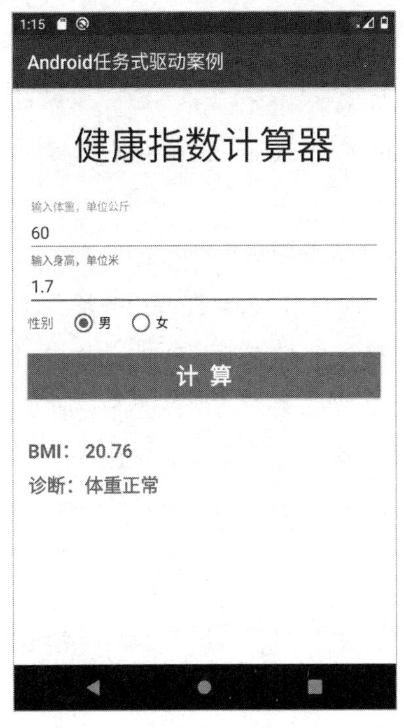

图 5-1　身体质量指数计算器界面

2. 身体质量指数计算器功能实现

（1）在 onCreate() 方法中，通过调用 findViewById() 方法获取 XML（Extensible Markup Language，可扩展标记语言）布局文件中的用户界面组件，并将其赋值给相应的变量。

其中，etWeight 和 etHeight 分别对应体重和身高的输入框，rgSex 对应性别选择的 RadioGroup，tvBmi 和 tvInfo 对应用于显示 BMI 和诊断信息的 TextView 组件，btnConfirm 对应“计算”按钮。代码如下：

```
private EditText etWeight, etHeight;
private RadioGroup rgSex;
private TextView tvBmi, tvInfo;
protected void onCreate(Bundle savedInstanceState) {
    super.onCreate(savedInstanceState);
    setContentView(R.layout.activity_task04_questionnaire);
    etWeight = findViewById(R.id.et_weight);
    etHeight = findViewById(R.id.et_height);
    rgSex = findViewById(R.id.rg_sex);
    tvBmi = findViewById(R.id.tv_bmi);
    tvInfo = findViewById(R.id.tv_info);
    Button btnConfirm = findViewById(R.id.btn_confirm);
}
```

（2）通过 btnConfirm 的 setOnClickListener() 方法，为“计算”按钮设置点击事件监听器。

（3）在点击事件监听器中，首先获取用户输入的体重和身高值，并通过 TextUtils.isEmpty() 方法判断其是否为空。若为空，则弹出 Toast 提醒用户输入不能为空，并直接返回。若输入值不为空，则将输入的字符串转换成浮点数，并进行 BMI 计算。计算公式为：BMI= 体重（kg）/ 身高（m）的平方。将计算结果保留两位小数，并通过 tvBmi 的 setText() 方法将其显示在对应的 TextView 组件上。调用自定义方法 getInfo()，并将 BMI 值作为参数传入，获取对应的诊断信息，并通过 tvInfo 的 setText() 方法将其显示在对应的 TextView 组件上。代码如下：

```
btnConfirm.setOnClickListener(new View.OnClickListener() {
    @Override
    public void onClick(View v) {
        // 获取输入的值
        String weightStr = etWeight.getText().toString();
        String heightStr = etHeight.getText().toString();
        // 判断是否为空
```

```
        if (TextUtils.isEmpty(weightStr) || TextUtils.isEmpty(heightStr))
{
                Toast.makeText(getApplicationContext(), "体重或身高不能为空",
Toast.LENGTH_SHORT).show();
            return;
        }
        // 将字符串转为 float，计算 bmi
        float weight = Float.parseFloat(weightStr);
        float height = Float.parseFloat(heightStr);
        double bmi = (weight / Math.pow(height, 2));
        tvBmi.setText(String.format("BMI:  %.2f", bmi));
        tvInfo.setText("诊断: " + getInfo(bmi));
    }
});
```

（4）自定义方法 getInfo() 根据 BMI 值的不同，返回不同的诊断信息。代码如下：

```
private String getInfo(double bmi) {
    // 获取 RadioButton 的文本
    int id = rgSex.getCheckedRadioButtonId();
    RadioButton btn = findViewById(id);
    String sex = btn.getText().toString();
    // 根据 bmi 得到信息
    String info = "";
    boolean isMan = sex.equals("男");
    if (bmi > 35 && isMan || bmi > 34 && !isMan) {
        info = "重度肥胖";
    } else if (bmi >= 30 && isMan || bmi >= 29 && !isMan) {
        info = "中度肥胖";
    } else if (bmi >= 27 && isMan || bmi >= 26 && !isMan) {
        info = "轻度肥胖";
    } else if (bmi >= 25 && isMan || bmi >= 24 && !isMan) {
        info = "体重超重";
    } else if (bmi >= 20 && isMan || bmi >= 19 && !isMan) {
        info = "体重正常";
```

```
        } else {
            info = "体重过轻";
        }
        return info;
    }
```

任务拓展——制作问卷调查

微课视频

1. 搭建问卷调查界面

（1）创建项目，添加一个垂直方向的 LinearLayout 布局，并添加 3 个组件：一个 ImageView 组件和两个 TextInputLayout 组件。

ImageView 的 layout_width 和 layout_height 属性分别设置为 72 dp，且使用内置的 ic_launcher 图标。

两个 TextInputLayout 组件分别用于输入姓名和手机号，每个 TextInputLayout 包含一个 EditText 组件，可以输入文字或数字。TextInputLayout 组件为输入框提供了较好的可读性和可用性，通过设置 hint 属性指定了输入框的提示信息，通过设置 drawableStart 属性来设置输入框左侧的图标。第二个 TextInputLayout 组件还使用了 app:counterEnabled 和 app:counterMaxLength 属性设置，分别用于在输入框下方显示输入字符数和最大字符长度。

（2）添加两个 LinearLayout 布局，分别用于显示性别和喜欢的专业课。第一个 LinearLayout 包含一个 TextView 和一个 RadioGroup，用于选择性别。其中 TextView 的 gravity 属性设置为 center，用于使文本在 TextView 中垂直和水平居中。RadioGroup 的 orientation 属性设置为 horizontal，用于将两个 RadioButton 组件水平排列。每个 RadioButton 组件都设置了 text 属性，分别用于显示“男”和“女”。第二个 LinearLayout 仅包含一个 TextView 和 4 个 CheckBox 组件，用于选择喜欢的专业课。问卷调查界面如图 5-2 所示。

2. 问卷调查功能实现

（1）首先从布局中获取各种组件对象，如 EditText、LinearLayout、RadioGroup、CheckBox、Button 等，并将它们分别赋值给相应的变量。代码如下：

```
private EditText etUsername, etPhone;
private LinearLayout mainLayout;
private RadioGroup rgSex;
```

图 5-2　问卷调查界面

```
private TextInputLayout phoneLayout;
// CheckBox 选中的文本字符串
private String selected="";
    // 以下代码写在 onCreate() 方法中
    // 初始化布局对象
    mainLayout=findViewById(R.id.ll_main);
    phoneLayout=findViewById(R.id.phone_layout);
    // 初始化输入框、单选组件对象
    etUsername=findViewById(R.id.et_name);
    etPhone=findViewById(R.id.et_phone);
    rgSex=findViewById(R.id.rg_sex);
    // 初始化复选框组件
    CheckBox cbAndroid=findViewById(R.id.cb_android);
    CheckBox cbJava=findViewById(R.id.cb_java);
    CheckBox cbWeb=findViewById(R.id.cb_Web);
    CheckBox cbJ2ee=findViewById(R.id.cb_J2ee);
    // 获取按钮对象，设置它的点击事件监听器
    Button btnConfirm=findViewById(R.id.btn_confirm);
```

（2）接下来通过 setOnCheckedChangeListener() 方法为 4 个 CheckBox 组件设置一个事件监听器，用于在用户勾选复选框时记录所选项的文本字符串。

然后在 setOnClickListener() 方法中为“确定”按钮设置一个事件监听器，用于处理用户的点击事件。在点击“确定”按钮后，可以调用获取用户输入的方法。代码如下：

```
// 设置事件监听器
cbJava.setOnCheckedChangeListener(this);
cbAndroid.setOnCheckedChangeListener(this);
cbEnglish.setOnCheckedChangeListener(this);
cbMath.setOnCheckedChangeListener(this);
btnConfirm.setOnClickListener(this);
```

（3）使用 AlertDialog 构造器在 Activity 创建时显示一个弹出对话框，让用户选择是否愿意参与一项小小的调查。对话框中包含了一个“确定”按钮和一个“拒绝”按钮，可以通过 setPositiveButton() 和 setNegativeButton() 方法设置它们的点击事件监听器，代码如下，问卷调查弹窗效果如图 5-3 所示。

```
AlertDialog alert=new AlertDialog.Builder(this)
    .setTitle(" 欢迎 ")
    .setMessage(" 您是否愿意参与一项小小的调查！ ")
    .setPositiveButton(" 确定 ", new DialogInterface.OnClickListener() {
        @Override
        public void onClick(DialogInterface dialogInterface, int i) {
        }
    })
    .setNegativeButton(" 拒绝 ", new DialogInterface.OnClickListener() {
        @Override
        public void onClick(DialogInterface dialogInterface, int i) {
        }
    }).create();
alert.show();
```

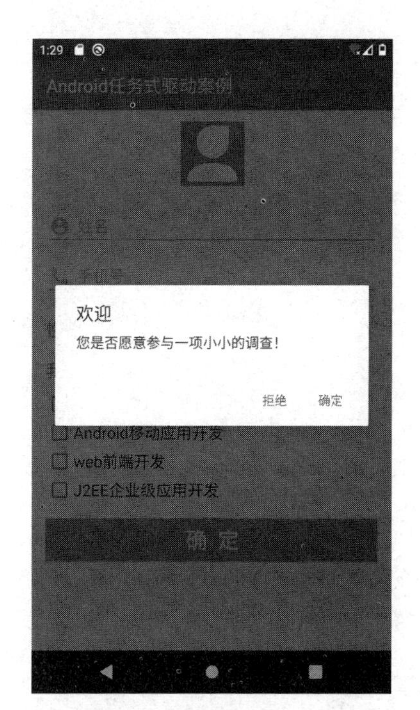

图 5-3　问卷调查弹窗效果

（4）重写 onCheckedChanged() 方法。当用户勾选或取消勾选某个复选框时，onCheckedChanged() 方法将被调用。首先获取复选框对象，并判断该复选框是否被选中。若被选中，则将该复选框的文本内容添加到 selected 字符串中；若未被选中，则从 selected 字符串中删除该复选框的文本内容。最后，使用 Snackbar 组件显示 selected 字符串，以提醒用户已选择的复选框。该组件通过 make() 方法创建，并设置了显示时间和显示位置。代码如下：

```
@Override
public void onCheckedChanged(CompoundButton buttonView, boolean isChecked) {
    CheckBox checkbox=(CheckBox) buttonView;
    if (isChecked) {
        selected += checkbox.getText().toString() + ", ";
    } else {
        selected=selected.replace(checkbox.getText().toString() + ", ", "");
    }
    Snackbar.make(mainLayout, selected, Snackbar.LENGTH_LONG).show();
}
```

（5）获取用户输入的用户名、手机号和性别信息，并根据用户选择的性别设置相应的字符串。接下来，使用 validatePhone() 方法验证手机号是否合法。若手机号不合法，则使用

setError() 方法为 phoneLayout 设置错误提示，清空手机号输入框的内容，并将焦点设置到该输入框中。若手机号合法，则将所有数据组合成一个字符串，并使用 Snackbar 组件显示该字符串。使用 setAction() 方法为 Snackbar 组件的“确定”按钮设置一个点击事件监听器，用于处理用户点击“确定”按钮后的操作。在点击“确定”按钮后，使用 Toast 组件显示一个短暂的提示信息。最后，使用 show() 方法显示 Snackbar 组件。代码如下：

```
@Override
public void onClick(View v) {
    //  获取输入的值
    String username=etUsername.getText().toString().trim();
    String phone=etPhone.getText().toString().trim();
    // 获取 RadioButton 选项的值
    String sex=" 男 ";
    int id=rgSex.getCheckedRadioButtonId();
    if (id == R.id.rb_female) {
        sex=" 女 ";
    }
    if (!validatePhone(phone)) {
        phoneLayout.setError(" 请输入正确的手机号 ");
        etPhone.setText("");
        etPhone.requestFocus();
        return;
    }
    // 将数据组合成字符串
    String info=" 用户名: " + username + ", 手机号: " + phone
            + ", 性别: " + sex + "\n 喜欢的课程: " + selected;
    // 使用 Snackbar 显示信息
    Snackbar.make(mainLayout, info, Snackbar.LENGTH_LONG)
            .setAction(" 确定 ", new View.OnClickListener() {
                @Override
                public void onClick(View v) {
                    Toast.makeText(getApplicationContext(),
                            " 信息已确认 ", Toast.LENGTH_SHORT).show();
                }
```

```
            }).show();
    }
    private static final String PHONE_PATTERN="^1[3-9]\\d{9}$";
    private boolean validatePhone(String phone){
        Pattern pattern=Pattern.compile(PHONE_PATTERN);
        Matcher matcher=pattern.matcher(phone);
        return matcher.matches();
    }
```

任务巩固——利用组件实现一个新闻界面

新闻客户端涉及多种组件的使用，请结合生活中的一款新闻 App（Application，应用程序），模仿实现新闻界面。新闻界面参考图如图 5-4 所示。

图 5-4　新闻界面参考图

任务小结

（1）布局文件中的组件 id 必须唯一，否则可能会导致程序运行时出现异常。

（2）组件的大小和位置应该合理，不要让它们覆盖或重叠，否则会影响用户体验。

（3）组件的颜色和字体大小应该与应用程序的整体风格相符，不要使用过于鲜艳或过于暗淡的颜色。

（4）组件的命名应该清晰明了，能够准确地描述该组件的作用和功能。

（5）组件的事件监听器应该正确地设置，以确保程序能够正确地响应用户的操作。

（6）组件的布局应该灵活，能够适应不同的屏幕尺寸和分辨率。

（7）组件的可访问性应该得到充分考虑，以确保应用程序能够被所有人使用，包括视力障碍者和听力障碍者等。

任务 6
列表式布局

任务场景

列表式布局是 Android 开发中常用的布局之一，适用于需要显示大量数据、支持滚动和分页、显示多种数据类型、支持点击和选择、支持自定义布局和数据绑定等场景，如联系人列表、聊天记录、新闻列表等。列表式布局可以在有限的屏幕空间内显示大量数据，支持滚动和分页，让用户方便地浏览和查找数据，同时支持自定义布局和数据绑定，提高开发效率。

寄语：家事国事天下事，掌中列表尽知悉。列表式布局在任何应用程序的资讯板块都非常常见。列表可以使用较小的版面提供更丰富的信息，也更方便用户浏览。以“内容 + 技术 + 灵感 + 美学”相统一为原则，使新闻信息服务更丰富、更便捷、更多元。

任务目标

（1）理解 ListView 的基本概念和作用。

（2）熟悉 ListView 的基本属性和方法。

（3）理解 RecyclerView 的基本概念和作用。

（4）熟悉 RecyclerView 的基本属性和方法。

（5）熟悉 RecyclerView 的常见布局方式，如 LinearLayoutManager、GridLayoutManager、StaggeredGridLayoutManager 等。

任务准备

1. Listview 列表组件

在 Android 中，ListView 是一种常用的组件，它可以显示一个可滚动的列表，包含多个项。下面介绍使用 ListView 的基本步骤。

（1）添加 ListView 组件到布局文件。

在布局文件中，通过添加 ListView 标签来定义一个 ListView 组件。例如：

```
<ListView
android:id="@+id/list_view"
android:layout_width="match_parent"
android:layout_height="wrap_content" />
```

其中，id 属性用于指定组件的 id，方便在 Java 代码中进行引用；layout_width 和 layout_height 属性分别设置组件的宽度和高度。

（2）在 Java 代码中获取 ListView 组件的引用，并为其准备数据源。

要在 Java 代码中操作 ListView 组件，需要先获取其引用。可以使用 findViewById() 方法根据组件的 id 获取引用：

```
ListView listView=(ListView) findViewById(R.id.list_view);
```

接下来，需要为 ListView 准备数据源，以供 Adapter 适配器使用。例如，使用 String 类型的数组作为数据源：

```
String[] items=new String[] {"item1", "item2", "item3"};
```

（3）创建 Adapter 适配器并设置给 ListView。

可以通过调用 ArrayAdapter 类的构造方法并传入数据源，创建一个 Adapter 适配器：

```
ArrayAdapter<String> adapter=new ArrayAdapter<String>(this, android.
R.layout.simple_list_item_1, items);
listView.setAdapter(adapter);
```

其中，第一个参数 this 表示当前 Activity 的上下文；第二个参数 android.R.layout.simple_list_item_1 表示使用系统内置的简单列表项布局；第三个参数 items 表示数据源数组。

（4）添加 ListView 子项点击事件监听器。

可以为 ListView 组件添加 OnItemClickListener 监听器，以便在用户点击某个列表项时做出相应的响应：

```
listView.setOnItemClickListener(new AdapterView.OnItemClickListener() {
    @Override
     public void onItemClick(AdapterView<?> parent, View view, int
position, long id) {
        // 点击事件处理代码
    }
});
```

可以在 onItemClick() 方法中编写点击事件的处理代码。例如，通过 Toast 组件显示被点击列表项的文本内容：

```
listView.setOnItemClickListener(new AdapterView.OnItemClickListener() {
    @Override
     public void onItemClick(AdapterView<?> parent, View view, int
position, long id) {
        String item=parent.getItemAtPosition(position).toString();
           Toast.makeText(MainActivity.this, item + " clicked", Toast.
LENGTH_SHORT).show();
    }
});
```

其中，parent 参数代表 ListView 对象，position 参数代表点击的子项索引号，id 参数表示子项的唯一标识符。

2. Recyclerview 组件

在 Android 中，RecyclerView 是一种高度可定制化的组件，通常用于显示可滚动的列表或网格。它可以根据实际需求灵活配置和布局，支持多种不同的布局方式。RecyclerView 的常见布局方式有 3 种：LinearLayoutManager、GridLayoutManager、StaggeredGridLayoutManager。

LinearLayoutManager（线性布局管理器）是最基础也是最常用的 RecyclerView 布局管理器之一。它在垂直或水平方向上按顺序排列各个子项。它支持以下配置参数：

android:orientation：设置布局方向（默认为垂直方向）；

setReverseLayout(boolean reverse)：设置布局方向是否反转（默认为 false）。

使用 LinearLayoutManager 布局管理器可以创建以下代码：

```
LinearLayoutManager layoutManager=new LinearLayoutManager(this);
recyclerView.setLayoutManager(layoutManager);
```

GridLayoutManager（网格布局管理器）是另一种常见的 RecyclerView 布局管理器，它将子项排列成网格形式。它支持以下配置参数：

setSpanCount(int spanCount)：设置每行有多少列。

setOrientation(int orientation)：设置网格布局方向（默认为垂直方向）。

setReverseLayout(boolean reverse)：设置布局方向是否反转（默认为 false）。

使用 GridLayoutManager 布局管理器可以创建以下代码：

```
GridLayoutManager layoutManager=new GridLayoutManager(this, 3); // 每行 3 列
recyclerView.setLayoutManager(layoutManager);
```

StaggeredGridLayoutManager（瀑布流布局管理器）是相对较新的 RecyclerView 布局管理器，它将子项排列成瀑布流形式。相对于 GridLayout，StaggeredGridLayoutManager 的布局更加自由。它支持以下配置参数：

setSpanCount(int spanCount)：设置每行有多少列。

setOrientation(int orientation)：设置网格布局方向（默认为垂直方向）。

使用 StaggeredGridLayoutManager 布局管理器可以创建以下代码：

```
StaggeredGridLayoutManager layoutManager=new StaggeredGridLayoutManager
(3,StaggeredGridLayoutManager.VERTICAL);
recyclerView.setLayoutManager(layoutManager);
```

这 3 种常见布局方式都提供了灵活和高度定制化的功能，用户可以根据需要选择不同的布局管理器进行使用。下面介绍使用 RecyclerView 的详细步骤。

（1）添加 RecyclerView 组件到布局文件。

在布局文件中，通过添加 RecyclerView 标签来定义一个 RecyclerView 组件。例如：

```
<androidx.recyclerview.widget.RecyclerView
    android:id="@+id/recycler_view"
    android:layout_width="match_parent"
    android:layout_height="wrap_content" />
```

其中，id 属性用于指定组件的 id，方便在 Java 代码中进行引用；layout_width 和 layout_height 属性分别设置组件的宽度和高度。

（2）在 Java 代码中获取 RecyclerView 组件的引用，并为其准备数据源及 LayoutManager。

要在 Java 代码中操作 RecyclerView 组件，需要先获取其引用。可以使用 findViewById() 方法根据组件的 id 获取引用，例如：

```
RecyclerView recyclerView=(RecyclerView) findViewById(R.id.recycler_view);
```

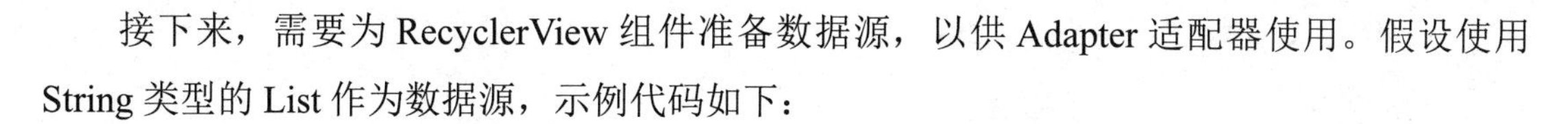

接下来，需要为 RecyclerView 组件准备数据源，以供 Adapter 适配器使用。假设使用 String 类型的 List 作为数据源，示例代码如下：

```
List<String> items=new ArrayList<>();
items.add("item1");
items.add("item2");
items.add("item3");
```

同时，RecyclerView 组件还需要设置 LayoutManager（布局管理器），示例代码如下：

```
LinearLayoutManager layoutManager=new LinearLayoutManager(this);
recyclerView.setLayoutManager(layoutManager);
```

其中，LinearLayoutManager 是一种布局管理器，它可以让 RecyclerView 在垂直方向上按顺序排列各个子项。

（3）创建 Adapter 适配器并设置给 RecyclerView。

可以通过自定义 Adapter 类继承 RecyclerView.Adapter，并实现其几个必需的方法，创建一个 Adapter 适配器。示例代码如下：

```
public class MyAdapter extends RecyclerView.Adapter<MyAdapter.ViewHolder> {
    private List<String> mItems;
    public static class ViewHolder extends RecyclerView.ViewHolder {
        public TextView textView;
        public ViewHolder(View view) {
            super(view);
            textView=(TextView) view.findViewById(android.R.id.text1);
        }
    }
    public MyAdapter(List<String> items) {
        mItems=items;
    }
    @Override
    public ViewHolder onCreateViewHolder(ViewGroup parent, int viewType) {
        View view=LayoutInflater.from(parent.getContext()).inflate(android.
R.layout.simple_list_item_1, parent, false);
        return new ViewHolder(view);
    }
```

```
    @Override
    public void onBindViewHolder(ViewHolder holder, int position) {
        String item=mItems.get(position);
        holder.textView.setText(item);
    }

    @Override
    public int getItemCount() {
        return mItems.size();
    }
}
```

其中，ViewHolder 类代表 RecyclerView.ViewHolder 对象，用于缓存视图各个子项，以便在后续使用时快速访问；onCreateViewHolder() 方法用于创建新的 ViewHolder 对象；onBindViewHolder() 方法用于将数据源和 ViewHolder 中的视图进行绑定；getItemCount() 方法用于返回数据源大小。

可以通过传入数据源构造 MyAdapter 适配器，并将其设置给 RecyclerView 组件，例如：

```
MyAdapter adapter=new MyAdapter(items);
recyclerView.setAdapter(adapter);
```

（4）添加 RecyclerView 子项点击事件监听器。

可以为 RecyclerView 组件添加 OnItemTouchListener 监听器，以便在用户点击某个列表项时做出相应的响应。例如：

```
recyclerView.addOnItemTouchListener(new RecyclerView.OnItemTouchListener() {
    @Override
     public boolean onInterceptTouchEvent(@NonNull RecyclerView rv, @
NonNull MotionEvent e) {
        View child=rv.findChildViewUnder(e.getX(), e.getY());
        if (child!=null && e.getAction()==MotionEvent.ACTION_DOWN) {
            int position=rv.getChildAdapterPosition(child);
            String item=items.get(position);
              Toast.makeText(MainActivity.this, item + " clicked", Toast.
LENGTH_SHORT).show();
        }
```

```
            return false;
        }
        @Override
        public void onTouchEvent(@NonNull RecyclerView rv, @NonNull
MotionEvent e) {
        }
        @Override
        public void onRequestDisallowInterceptTouchEvent(boolean
disallowIntercept) {
        }
});
```

其中，通过调用 addOnItemTouchListener() 方法添加了一个 OnItemTouchListener 监听器，使用 findChildViewUnder() 方法找到下方的列表项视图，并调用 getChildAdapterPosition() 方法获取所点击的子项索引位置，以执行相应的点击事件处理代码。

任务演练——制作简易新闻列表

微课视频

（1）创建项目，在界面中添加 ListView 组件，并将 id 设置为 news_list，代码如下：

```
<?xml version="1.0" encoding="utf-8"?>
<androidx.constraintlayout.widget.ConstraintLayout xmlns:android="http://
schemas.android.com/apk/res/android"
    xmlns:app="http://schemas.android.com/apk/res-auto"
    xmlns:tools="http://schemas.android.com/tools"
    android:layout_width="match_parent"
    android:layout_height="match_parent"
    tools:context=".Task05List.Task05NewsActivity">

    <ListView
        android:id="@+id/news_list"
        android:layout_width="0dp"
        android:layout_height="0dp"
        app:layout_constraintBottom_toBottomOf="parent"
        app:layout_constraintEnd_toEndOf="parent"
```

```
        app:layout_constraintStart_toStartOf="parent"
        app:layout_constraintTop_toTopOf="parent" />
</androidx.constraintlayout.widget.ConstraintLayout>
```

（2）在 onCreate() 方法中，调用 findViewById() 方法获取布局文件中的 ListView 组件，并将其赋值给 contactsView 变量。代码如下：

```
    ListView contactsView;
    @Override
    protected void onCreate(Bundle savedInstanceState) {
        super.onCreate(savedInstanceState);
        setContentView(R.layout.activity_task05_news);
        contactsView=findViewById(R.id.news_list);
    }
```

（3）接着创建一个 ArrayList 对象 newsList，其中包含了一些新闻标题。代码如下：

```
List<String> newsList=new ArrayList<String>(){
        add("Meta 正在开发新的人工智能系统对标 OpenAI 的 GPT-4");
        add(" 国内首条智慧高速即将建成  可实现 L4 级别自动驾驶 ");
        add(" 谷歌研究 AI 气味检测技术取得突破  人工智能已经可以闻到人类气味 ");
        add(" 百度字节等 8 家公司大模型产品通过生成式人工智能备案 ");
        add(" 华为问界新 M7 发布，余承东：新鸿蒙座舱像 Mate  60  Pro 一样流畅 ");
        add(" 多地中小学开学见闻  体育课怎么上  新学期 " 计划书 "");
        add(" 新一轮个税综合所得汇算清缴即将开始  有哪些变化 ");
        add(" 大范围雨雪席卷中东部  北方局地有暴雪降温超 8℃ ");
}
```

（4）创建一个 ArrayAdapter 对象 adapter，用于将 newsList 中的数据显示在 ListView 组件中。在创建 ArrayAdapter 对象时，使用了系统自带的 simple_list_item_1 布局。将 adapter 设置给 contactsView，即可将新闻列表显示在界面上。代码如下：

```
ArrayAdapter<String> adapter=null;
ListView contactsView;
@Override
protected void onCreate(Bundle savedInstanceState) {
    super.onCreate(savedInstanceState);
    setContentView(R.layout.activity_task05_news);
```

```
        contactsView=findViewById(R.id.news_list);
        adapter=new ArrayAdapter<String>(this,android.R.layout.simple_list_item_
1,newsList);
        contactsView.setAdapter(adapter);

}
```

（5）简易新闻列表实现效果如图 6-1 所示。

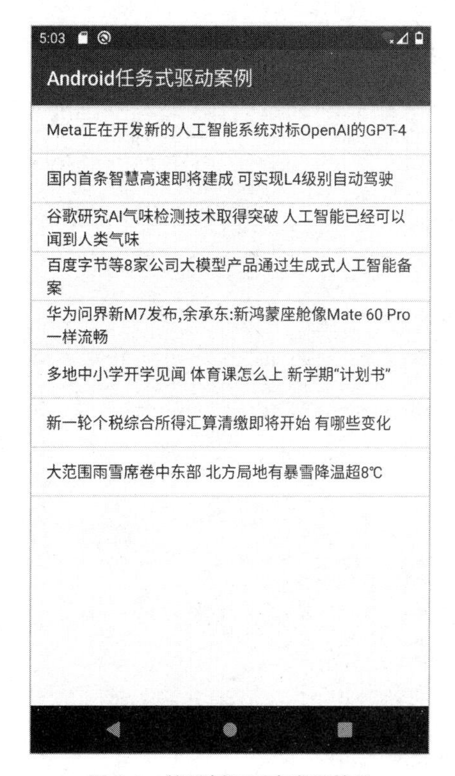

图 6-1　简易新闻列表实现效果

任务拓展——制作水果列表

微课视频

（1）创建项目，在界面中添加 ListView 组件，并将 id 设置为 fruit_list，代码略。

（2）自定义列表项模板 activity_task05_fruits_item.xml，代码如下：

```
<androidx.constraintlayout.widget.ConstraintLayout
    xmlns:android="http://schemas.android.com/apk/res/android"
    xmlns:app="http://schemas.android.com/apk/res-auto"
    xmlns:tools="http://schemas.android.com/tools"
```

```
    android:layout_width="match_parent"
    android:layout_height="match_parent">

    <ImageView
        android:id="@+id/imageView"
        android:layout_width="120dp"
        android:layout_height="120dp"
        android:layout_marginStart="25dp"
        app:layout_constraintBottom_toBottomOf="parent"
        app:layout_constraintStart_toStartOf="parent"
        app:layout_constraintTop_toTopOf="parent"
        tools:srcCompat="@tools:sample/avatars" />

    <TextView
        android:id="@+id/textView"
        android:layout_width="wrap_content"
        android:layout_height="wrap_content"
        android:textSize="38sp"
        app:layout_constraintBottom_toBottomOf="parent"
        app:layout_constraintEnd_toEndOf="parent"
        app:layout_constraintStart_toEndOf="@+id/imageView"
        app:layout_constraintTop_toTopOf="parent"
        tools:text=" 水果 " />
</androidx.constraintlayout.widget.ConstraintLayout>
```

（3）定义水果类 Fruit，Fruit 类有两个私有成员变量 name 和 imageId，分别表示水果的名称和图片 id，代码如下：

```
public class Fruit {
    private String name;
    private int imageId;
    public Fruit(String name, int imageId) {
        this.name=name;
        this.imageId=imageId;
    }
```

```
    public String getName() {
        return name;
    }
    public void setName(String name) {
        this.name=name;
    }
    public int getImageId() {
        return imageId;
    }
    public void setImageId(int imageId) {
        this.imageId=imageId;
    }
}
```

（4）定义 FruitAdapter 类，继承自 ArrayAdapter。FruitAdapter 类重写了 ArrayAdapter 的 getView() 方法，用于将数据绑定到 RecyclerView 的 item 上。在 getView() 方法中，首先通过 getItem() 方法获取当前位置的 Fruit 对象。然后使用 View.inflate() 方法将布局文件 activity_task05_fruits_item.xml 转换为 View 对象 v。通过 v.findViewById() 方法获取布局文件中的 ImageView 和 TextView 组件，并将它们赋值给 fruit_image 和 fruit_name 变量。最后使用 fruit.getImageId() 和 fruit.getName() 方法获取 Fruit 对象的图片 id 和名称，并将它们分别设置给 fruit_image 和 fruit_name 组件。代码如下：

```
public class FruitAdapter extends ArrayAdapter {
    public FruitAdapter(Context context, List objects) {
        super(context, R.layout.activity_task05_fruits_item, objects);
    }
    @Override
    public View getView(int position, View ConverView, ViewGroup root){
        Fruit fruit=(Fruit)getItem(position);
         View v=View.inflate(getContext(),R.layout.activity_task05_fruits_
item,null);
        ImageView fruit_image=v.findViewById(R.id.imageView);
        TextView fruit_name=v.findViewById(R.id.textView);
        fruit_image.setImageResource(fruit.getImageId());
        fruit_name.setText(fruit.getName());
```

```
        return v;
    }
}
```

（5）首先使用 initData() 方法初始化水果列表 fruitList，其中包含一些水果的名称和图片。接着使用 findViewById() 方法获取布局文件中的 ListView 组件，并将其赋值给 listView 变量。创建一个 FruitAdapter 对象 adapter，用于将 fruitList 中的数据显示在 ListView 组件中。在创建 FruitAdapter 对象时，使用了自定义的布局文件 activity_task05_fruits_item.xml。最后将 adapter 设置给 listView，即可将水果列表显示在界面上。代码如下：

```
public class Task05FruitsActivity extends AppCompatActivity {
    List<Fruit> fruitList=new ArrayList<Fruit>();
    @Override
    protected void onCreate(Bundle savedInstanceState) {
        super.onCreate(savedInstanceState);
        setContentView(R.layout.activity_task05_fruits);
        initData();
        ListView listView=findViewById(R.id.fruit_list);
        FruitAdapter adapter=new FruitAdapter(this, fruitList);
        listView.setAdapter(adapter);
    }
    private void initData(){
        Fruit apple=new Fruit("苹果", R.drawable.task05_fruits_apple);
        fruitList.add(apple);
        Fruit banana=new Fruit("香蕉", R.drawable.task05_fruits_banana);
        fruitList.add(banana);
        Fruit orange=new Fruit("橙子", R.drawable.task05_fruits_orange);
        fruitList.add(orange);
        //此处省略其他水果信息
    }
}
```

（6）水果列表界面实现效果如图 6-2 所示。

图 6-2　水果列表界面实现效果

任务巩固——制作卡片式新闻界面

卡片式新闻界面通常包含多个新闻卡片，每个卡片包含新闻标题、新闻摘要、新闻图片等信息。可以使用 RecyclerView 和 CardView 来实现这样的界面。卡片式新闻界面参考图如图 6-3 所示。

图 6-3　卡片式新闻界面参考图

任务小结

（1）ListView 的性能相对较低，特别是在数据量较大、布局复杂的情况下。而 RecyclerView 支持复用已经创建的视图，可以提高性能，特别是在数据量较大、布局复杂的情况下。

（2）ListView 只支持线性布局，而 RecyclerView 支持多种布局管理器，包括线性布局、网格布局、瀑布流布局等。

（3）ListView 和 RecyclerView 都需要使用适配器来管理数据和视图，但 RecyclerView 的适配器需要实现更多的方法，如 onCreateViewHolder()、onBindViewHolder()、getItemCount() 等。

（4）ListView 可以通过设置 OnItemClickListener 来处理列表项的点击事件，而 RecyclerView 需要自己实现 ItemClickListener 接口来处理点击事件。

（5）RecyclerView 支持添加、删除、移动列表项的动画效果，而 ListView 不支持。

（6）当数据源发生变化时，ListView 需要手动调用 notifyDataSetChanged() 方法来更新列表视图，而 RecyclerView 可以通过 notifyItemInserted()、notifyItemRemoved()、notifyItemChanged() 等方法来更新列表视图。

任务 7
Activity 组件

任务场景

Activity 是 Android 应用程序中的一个基本组件，常用于提供用户界面和处理用户交互，如启动界面、主界面、设置界面、登录界面、注册界面、详情界面和编辑界面等。但 Activity 不应该包含过多的业务逻辑和数据处理，应该将这些功能封装在其他组件中，同时要尽量减少 Activity 的启动时间和销毁时间，避免卡顿和闪退。

寄语：场景切换各有路，目标明确定成功。界面间的转场过渡，是用户体验产品最直接的感知形式，也是人机交互中最重要的传达要素。显式跳转需要明确设置起始类和目标类，找准目标，即可成功；隐式跳转通过设置动作代码进行模糊查询，选择正确的大方向，亦能抵达目的地。

任务目标

（1）了解 Activity 的基本概念和生命周期。

（2）熟悉 Activity 的布局和界面设计。

（3）熟悉 Activity 的数据传递和接收方式。

（4）熟悉 Activity 的交互和通信方式。

任务准备

微课视频

1. Activity 基本概念和生命周期

Activity 是 Android 应用程序的一个基本组件，用于支持和管理应用程序的用户界面。简单地说，Activity 是 Android 应用程序中可见的屏幕，每个 Activity 都有自己的生命周期。

Activity 的用户界面通过布局文件来定义，布局文件包含了组件的位置、大小、颜色、样式等属性信息。Android 提供了多种类型的布局文件，如线性布局、相对布局、表格布局等，可以根据实际需求灵活使用。为了创建一个新的 Activity 以及实现特定的生命周期和 UI 交互操作，需要继承 Activity 类，然后重写相关的生命周期方法和事件。

Android 的 Activity 有丰富的生命周期方法，生命周期可以被分为 7 个阶段，从创建到最后销毁，这些阶段包括：创建、启动、恢复、保持、暂停、停止和销毁。生命周期方法需要在 Activity 的代码中显式地重写，以便在特定的状态下正确管理 Activity。重写生命周期方法可以在 Activity 不同阶段执行不同的操作，如初始化 UI、保存应用数据等。

Activity 的生命周期状态包括 created、started、resumed、paused、stopped 和 destroyed 等。每个状态都对应特定的生命周期方法和事件。

2. Intent 意图

Activity 之间的通信和交互使用 Intent 实现，Intent 是一个广义形式的消息传递对象，它表示一个意图，可以用来启动新 Activity 或执行其他任务。

Intent 是 Android 系统中一个核心的组件，用于在不同的组件间传递数据。它可以启动一个 Activity、调用一个 Service、广播一个消息等。下面介绍 Intent 的使用步骤。

定义一个 Intent。

若想启动一个 Activity，通过 Intent 来实现：

```
Intent intent=new Intent(MainActivity.this, AnotherActivity.class);
startActivity(intent);
```

其中，Intent() 方法的第一个参数是当前的 Activity，第二个参数是欲启动的 Activity。

如果想将一些数据传递给欲启动的 Activity，可以使用 putExtra() 方法：

```
intent.putExtra("key", value);
```

其中，key 为数据的名字，value 为数据的值。数据可以是任何类型，如字符串、整数、布尔值等。

如果要在即将启动的 Activity 中收到这个数据，可以在 onCreate() 方法中使用 getIntent() 方法获取 Intent 对象，然后调用 getStringExtra()、getIntExtra()、getBooleanExtra() 等方法获取数据：

```
Intent intent=getIntent();
String value=intent.getStringExtra("key");
```

3. 显式 Intent 和隐式 Intent

使用显式 Intent 来启动一个 Activity 并不是唯一的界面启动方式，还有一种方式是使用隐式 Intent。

隐式 Intent 并不指定某个具体的组件，而是指定一些 Intent Filter（意图过滤器），Android 系统会根据这些 Filter 来匹配合适的组件。

例如，启动一个可以拨打电话的应用程序，可以使用以下代码：

```
Intent intent=new Intent(Intent.ACTION_DIAL);
startActivity(intent);
```

这里的 Intent 的 Action（操作）是 ACTION_DIAL，这个 Action 告诉 Android 系统应用程序想切换到拨号界面，然后系统会寻找合适的组件来完成这个 Action。如果系统找到了多个匹配的组件，会弹出一个选择框供用户选择。

4. Intent 数据传递

Activity 之间的数据传递在实际开发中是非常常见的一个操作，从一个 Activity 跳转到另一个 Activity 时，需要将某些数据传递给新的 Activity，以便新的 Activity 展示相关内容。在一个 Activity 中修改了某些数据，需要将修改后的数据回传给调用该 Activity 的 Activity。

针对上述场景，可以使用以下两种方法进行数据传递。

（1）Intent 传递数据。

Intent 是 Android 中用于启动组件或启动服务的机制，也是传递数据的一种常用方式。

在调用 Activity 的代码中定义一个 Intent 对象，并通过 putExtra() 方法将数据存入 Intent 对象。

假设需要传递一个字符串“hello”到新的 Activity 中，代码如下：

```
String dataStr="hello";
Intent intent=new Intent(this, NewActivity.class);
intent.putExtra("data_key", dataStr);
startActivity(intent);
```

这里通过 putExtra() 方法将字符串“hello”存入 Intent 对象，其中 data_key 是用于在新的 Activity 中获取该数据的 key 值。

在新的 Activity 中获取 Intent 对象，并通过 getStringExtra() 等方法获取传递过来的数据。获取之前传递的字符串“hello”的代码如下：

```
Intent intent=getIntent();
String dataStr=intent.getStringExtra("data_key");
```

（2）startActivityForResult() 传递数据。

使用 startActivityForResult() 方法启动一个 Activity，当这个 Activity 结束时，会将结果

返回给调用方的 Activity。

在调用 Activity 的代码中启动新的 Activity，代码如下：

```
Intent intent=new Intent(this, NewActivity.class);
startActivityForResult(intent, REQUEST_CODE);
```

其中，REQUEST_CODE 是一个用于标识返回数据的请求码，可以为任意值。

在新的 Activity 中通过 setResult() 方法将数据返回给调用方的 Activity，代码如下：

```
Intent intent=new Intent();
String dataStr="hello";
intent.putExtra("data_key", dataStr);
setResult(RESULT_OK, intent);
finish();
```

其中，RESULT_OK 是一个用于表示操作成功的结果码，也可以为其他值。

在调用方的 Activity 中重写 onActivityResult() 方法，获取返回的数据，代码如下：

```
@Override
protected void onActivityResult(int requestCode, int resultCode, Intent data) {
    if (requestCode==REQUEST_CODE && resultCode==RESULT_OK) {
        String dataStr=data.getStringExtra("data_key");
    }
}
```

其中，requestCode 是之前设置的请求码；resultCode 为返回的结果码；data 为返回的 Intent 对象，通过调用 getStringExtra() 等方法即可获取传递过来的数据。

Intent 和 startActivityForResult() 均是 Android Activity 之间常用的数据传递方式，在实际开发中需要根据具体情况选择合适的方式进行数据传递。在使用 Intent 传递数据时，数据类型需要与 putExtra() 方法的参数类型一致，否则会出现类型转换异常。

总之，了解 Android Activity 的生命周期和相关的知识点，对于 Android 开发者来说非常重要，因为它关系到整个应用程序的用户交互及稳定性，也是 Android 应用程序设计和开发中不可或缺的一部分。

任务演练——实现简单的界面跳转

微课视频

（1）创建项目，在 app/src/main/res/layout/ 目录下创建两个布局文件，分别对应第一个 Activity 和第二个 Activity 的界面布局。代码如下：

```
//activity_main.xml:
<LinearLayout
    android:layout_width="match_parent"
    android:layout_height="match_parent"
    android:orientation="vertical">
    <Button
        android:id="@+id/button"
        android:layout_width="wrap_content"
        android:layout_height="wrap_content"
        android:text=" 跳转到界面二 " />
</LinearLayout>
//activity_second.xml:
<LinearLayout
    android:layout_width="match_parent"
    android:layout_height="match_parent"
    android:orientation="vertical">
    <TextView
        android:id="@+id/textView"
        android:layout_width="match_parent"
        android:layout_height="wrap_content"
        android:text=" 这是第二个界面 " />

</LinearLayout>
```

（2）在 app/src/main/java/ 包下创建一个新的 Java 类，命名为 MainActivity。在 MainActivity 中添加一个按钮，用于跳转到第二个 Activity。代码如下：

```
public class MainActivity extends AppCompatActivity {
    @Override
    protected void onCreate(Bundle savedInstanceState) {
        super.onCreate(savedInstanceState);
        setContentView(R.layout.activity_main);
        Button button=findViewById(R.id.button);
        button.setOnClickListener(new View.OnClickListener() {
            @Override
            public void onClick(View view) {
                  Intent intent=new Intent(MainActivity.this, SecondActivity.
class);
```

```
                startActivity(intent);
            }
        });
    }
}
```

（3）创建一个新的 Java 类，命名为 SecondActivity。在 SecondActivity 中添加一个文本框，用于显示从第一个 Activity 传递过来的数据，代码如下：

```
public class SecondActivity extends AppCompatActivity {
    @Override
    protected void onCreate(Bundle savedInstanceState) {
        super.onCreate(savedInstanceState);
        setContentView(R.layout.activity_second);
        TextView textView=findViewById(R.id.textView);
        Intent intent=getIntent();
        String message=intent.getStringExtra("message");
        textView.setText(message);
    }
}
```

（4）运行程序，界面切换效果如图 7-1 所示。

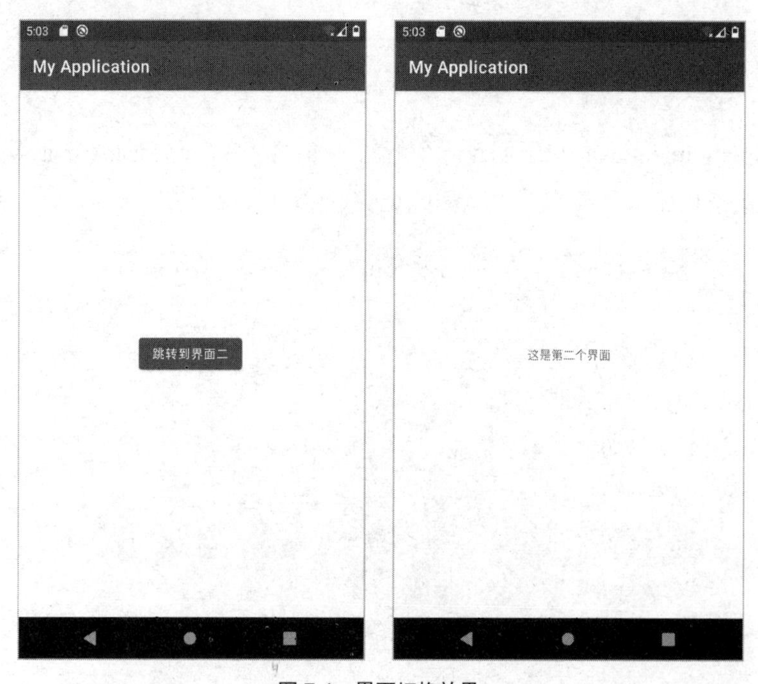

图 7-1　界面切换效果

任务拓展——界面之间的数据传递

1. 搭建界面基本结构

（1）在 ConstraintLayout 的顶部添加了一个 TextView 组件作为标题栏，其宽度填充父布局，高度根据内容自适应。为 TextView 设置了一个外边距、引用应用名称的文本资源、较大的字体大小，并通过约束将其固定在布局的顶部，左对齐。

（2）在 TextView 组件下方，添加了 3 个水平排列的 LinearLayout 容器，每个都具有匹配父布局宽度和内容自适应高度的特性。每个 LinearLayout 都设置了左右和顶部的边距，并且通过约束被定位在上一个组件的下方。前两个 LinearLayout 容器内部都包含两个按钮，对这些按钮的样式、背景、文本属性和大小等属性进行了详细的配置。第三个 LinearLayout 容器与前两个有所不同，它只包含一个宽度填充父布局的按钮。这个按钮也具有与前面按钮相同的样式属性，但是由于它是唯一的子元素，所以占据了整个容器的宽度。

（3）在最后一个 LinearLayout 下方添加了一个 TextView，用于显示数据。该 TextView 的宽度填充父布局，高度根据内容自适应，并设置了外边距和字体大小。通过约束，它被定位在最后一个按钮的下方，并且左右边距与父布局对齐，界面之间的数据传递效果如图 7-2 所示。

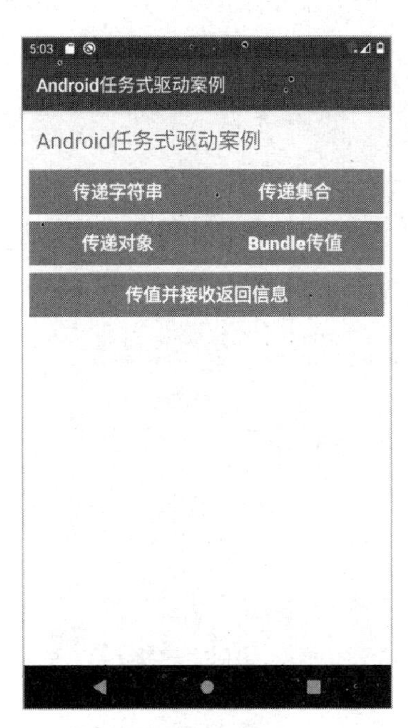

图 7-2　界面之间的数据传递效果

2. 数据传递功能实现

（1）在 onCreate() 方法中，使用 findViewById() 获取 5 个按钮的实例，并为它们设置点击事件监听器。这里使用了 this 作为监听器，表示当前 Activity 实现了 View.OnClickListener 接口。代码如下：

```
@Override
protected void onCreate(Bundle savedInstanceState) {
    super.onCreate(savedInstanceState);
    setContentView(R.layout.activity_task06_data_transfer);
    Button btnData=findViewById(R.id.btn_data);
    Button btnList=findViewById(R.id.btn_list);
    Button btnObject=findViewById(R.id.btn_object);
    Button btnBundle=findViewById(R.id.btn_bundle);
    Button btnReturn=findViewById(R.id.btn_return);
    btnData.setOnClickListener(this);
    btnList.setOnClickListener(this);
    btnObject.setOnClickListener(this);
    btnBundle.setOnClickListener(this);
    btnReturn.setOnClickListener(this);
}
```

（2）实现 onClick() 方法，根据点击的按钮 id 创建一个 Intent，并向 Task06DataReturnActivity 传递不同类型的数据。代码如下：

```
@Override
public void onClick(View v) {
     Intent intent=new Intent(Task06DataTransferActivity.this,
Task06DataReturnActivity.class);
    switch(v.getId()) {
        case R.id.btn_data:
            intent.putExtra("data", "Activity传递字符串");
            startActivity(intent);
            break;
        case R.id.btn_list:
            ArrayList<Integer> datas=new ArrayList<>();
            datas.add(85);
            datas.add(90);
            datas.add(78);
            intent.putIntegerArrayListExtra("list", datas);
            startActivity(intent);
```

```
            break;
        case R.id.btn_object:
            User user=new User(" 张三 ", 20);
            intent.putExtra("object", user);
            startActivity(intent);
            break;
        case R.id.btn_bundle:
            Bundle bundle=new Bundle();
            bundle.putString("username", " 张三 ");
            bundle.putInt("age", 20);
            intent.putExtras(bundle);
            startActivity(intent);
            break;
        case R.id.btn_return:
            intent.putExtra("data", " 传递字符串 ");
            startActivityForResult(intent, 1);
            break;
    }
}
```

（3）在 Task06DataReturnActivity 中，需要根据传递过来的数据类型，分别使用 getStringExtra()、getIntegerArrayListExtra()、getParcelableExtra() 和 getExtras() 方法获取传递过来的数据，并根据需要处理这些数据。同时，如果需要返回数据给 Task06DataTransferActivity，可以使用 setResult() 方法设置返回结果，代码如下：

```
public class Task06DataReturnActivity extends AppCompatActivity {
    @Override
    protected void onCreate(Bundle savedInstanceState) {
        super.onCreate(savedInstanceState);
        setContentView(R.layout.activity_task06_data_return);
        TextView tvData=findViewById(R.id.tv_data);
        Intent intent=getIntent();
        String data=intent.getStringExtra("data");
        if (data!=null) {
            tvData.setText(" 获取的字符串为: " + data);
        }
```

```
        ArrayList<Integer> datas=intent.getIntegerArrayListExtra("list");
        if (datas!=null) {
            tvData.setText("获取的列表数据为: " + datas.toString());
        }
        User user=(User) intent.getSerializableExtra("object");
        if (user!=null) {
            tvData.setText("获取的对象数据为: " + user.toString());
        }
        Bundle bundle=intent.getExtras();
        if(bundle!=null) {
            String name=bundle.getString("username");
            int age=bundle.getInt("age");
            if(name!=null) {
                tvData.setText("获取的bundle数据为: " + name + ", " + age);
            }
        }
        Button btnBack=findViewById(R.id.btn_back);
        btnBack.setOnClickListener(new View.OnClickListener() {
            @Override
            public void onClick(View v) {
                Intent intent=new Intent();
                intent.putExtra("data", "返回FirstActivity");
                setResult(RESULT_OK, intent);
                finish();
            }
        });
    }
}
```

（4）在 Task06DataTransferActivity 中重写 onActivityResult() 方法接收返回的数据。代码如下：

```
@Override
protected void onActivityResult(int requestCode, int resultCode,
                                @Nullable Intent data) {
    super.onActivityResult(requestCode, resultCode, data);
```

```
        TextView tvData=findViewById(R.id.tv_data);
        // 根据请求码 requestCode 进行判断
        if (requestCode==1) {
            if (resultCode==RESULT_OK && data!=null) {
                // 通过 Intent 对象获取返回的数据
                String returnData=data.getStringExtra("data");
                // 判断数据是否为 null
                if (returnData!=null) {
                    tvData.setText("返回的数据为: " + returnData);
                }
            }
        }
    }
```

任务巩固——跳转到其他应用程序

隐式 Intent 可以实现不同应用程序之间的交互和数据共享，具有很广泛的使用场景。通过指定 Action 和数据类型，可以调用其他应用程序提供的服务，如调用地图应用程序显示地图、调用音乐应用程序播放音乐等。利用隐式 Intent，实现跳转到拨打电话、发送短信和打开浏览器界面的功能。隐式跳转参考图如图 7-3 所示。

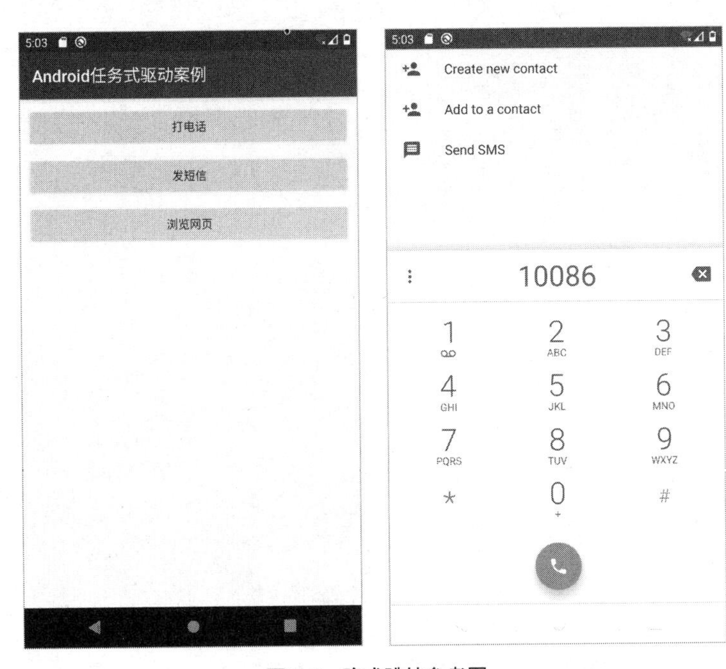

图 7-3　隐式跳转参考图

任务小结

（1）Activity 的生命周期包括 onCreate()、onStart()、onResume()、onPause()、onStop()、onDestroy() 等方法，需要在合适的时机调用相应的方法，以保证应用程序的正常运行。

（2）Intent 有显式和隐式两种类型，需要根据具体的需求选择合适的类型。显式 Intent 指定了要启动的组件名称，适用于启动应用程序内部的组件；隐式 Intent 指定了 Action 和数据类型，由系统去寻找符合条件的组件，适用于启动其他应用程序或系统服务。

（3）Intent 可以传递数据，包括基本类型数据、对象、Bundle（组件）等，需要注意数据类型的匹配和数据的有效性。

（4）Intent 启动模式包括 standard、singleTop、singleTask 和 singleInstance 这 4 种，需要根据具体的需求选择合适的模式。例如，singleTask 模式适用于需要保持单例的 Activity，singleInstance 模式适用于需要独立任务栈的 Activity。

任务 8
Fragment 组件

任务场景

Fragment 是 Android 应用程序中的一种 UI 组件，主要用于构建动态和灵活的用户界面。它可以被看作是一个可重用的 UI 模块，通常用于实现分屏布局、多任务处理、模块化设计、动态切换和代码重用等场景。使用 Fragment 可以更好地管理多个窗口中的 UI 组件，提高用户体验，同时也可以将应用程序的 UI 拆分成多个模块，使得代码更加清晰和易于维护。

寄语：内容海量屏幕小，“碎片”融合有新意。底部导航和碎片 Fragment 让小小的手机屏幕无须多界面跳转，即可呈现更多的内容，通过底部导航的标签和文字，就可知道不同标签对应的界面内容是什么，能够让用户迅速找到自己想要查找的内容。

任务目标

（1）理解 Fragment 的概念和作用。

（2）能够使用 Fragment 实现动态添加、替换、隐藏和移除等操作。

（3）能够使用 Fragment 实现分屏布局、多任务处理、模块化设计、动态切换等场景。

（4）能够使用 Fragment 实现响应式设计和适配不同屏幕尺寸的需求。

任务准备

微课视频

1. Fragment 的基本概念和用法

在 Android 中，Fragment 是一种可以嵌入 Activity 中的可重复使用 UI 组件。类似于 Activity，它有自己的生命周期和布局文件。但与 Activity 不同的是，Fragment 需要放在一个 Activity 里面，可以理解为 Activity 中的一个模块化部分。

Fragment 有自己的生命周期，包括 onAttach()、onCreate()、onCreateView()、onActivity-Created()、onStart()、onResume()、onPause()、onStop()、onDestroyView()、onDestroy() 和 OnDetach() 等方法。

OnAttach()：当 Fragment 第一次附加到 Activity 时被调用。

OnCreate()：当 Fragment 创建时被调用。

OnCreateView()：在 onCreateView() 中生成 Fragment 的 UI 布局。

OnActivityCreated()：当 Fragment 所在的 Activity 建立好自己的时候被调用。

OnStart()：当 Fragment 可见但是还未获取焦点时被调用。

OnResume()：当 Fragment 获取焦点并可见时被调用。

OnPause()：当 Fragment 失去焦点并不再可见时被调用。

OnStop()：当 Fragment 不再处于可见状态时被调用。

OnDestroyView()：类似于 onDestroy() 操作的事务，处理相关联的视图资源。

OnDestroy()：当 Fragment 被销毁时被调用。

OnDetach()：当 Fragment 从 Activity 中分离时被调用。

与 Activity 一样，Fragment 的布局通过 XML 文件定义。单独的 Fragment 布局文件应该放置在 res/layout/ 目录下，并且也可以通过代码生成视图对象的方式来构建 UI。

Fragment 可以将 Activity 分割成多个区域，每个区域都有自己的布局和事件处理等。在 Activity 的布局文件中使用 Fragment 标签，然后在 Java 代码中实例化 Fragment 并使用 FragmentManager 在界面中添加或替换 Fragment，以展示 Fragment 的内容。

Fragment 与 Activity 的交互主要通过 Activity 中的 FragmentManager 实现。Fragment 可以通过 getActivity() 方法获取与之相关联的 Activity 的引用，在 Fragment 中可以调用 Activity 的方法或更改 Activity 中的变量值。

总的来说，相比 Activity 复杂的生命周期控制，使用 Fragment 能够更加灵活地实现 UI 及逻辑处理，提高代码的可复用性和维护性。在 Android UI 开发中，Fragment 经常用于将屏幕布局拆分为几个可独立管理的区域，并且在需要时动态地添加、移除或通过事件来改变 Fragment 视图。下面介绍使用 Fragment 的步骤。

（1）创建 Fragment 类并实现其 UI 及逻辑处理。

定义一个继承 Fragment 类的 Java 类。其中需要重载 onCreateView() 方法，该方法返回一个布局 View 对象，通过 LayoutInflater 从 XML 布局文件中创建对象。

例如，创建一个简单的 DisplayFragment 类来显示一段文本信息：

```
public class DisplayFragment extends Fragment{
    TextView textView;
    String text;
```

```
    public DisplayFragment(){}
        public DisplayFragment(Stringtext){
        this.text=text;
    }
    @Override
    public View onCreateView(LayoutInflater inflater,ViewGroup container,
    Bundle savedInstanceState){
        View view=inflater.inflate(R.layout.fragment_display,container,false);
        textView=(TextView)view.findViewById(R.id.display_text);
        textView.setText(text);
        return view;
    }
}
```

（2）添加 Fragment 到 Activity 中。

在需要添加 Fragment 的 Activity 中调用 FragmentManager 的 beginTransaction() 方法来开启 Fragment 事务，调用 add() 方法将创建的 Fragment 实例加入 Activity，并提交事务。

在 MainActivity 中添加 DisplayFragment 的实例：

```
DisplayFragment df=new DisplayFragment("HelloWorld!");
getSupportFragmentManager().beginTransaction()
.add(R.id.fragment_container,df)
.commit();
```

其中，R.id.fragment_container 表示一个容器 View 的 id，这个容器 View 是用来存放 Fragment 的。它可以是 FrameLayout、LinearLayout 和 RelativeLayout 等 View。

2. BottomNavigationView

在 Android 中，BottomNavigationView 是一种在底部导航栏显示标签和图标的组件。

（1）首先，在项目的 build.gradle 文件中添加以下依赖库：

```
dependencies {
    implementation 'androidx.appcompat:appcompat:1.3.0'
    implementation 'com.google.android.material:material:1.3.0'
}
```

（2）创建 BottomNavigationView，即在 XML 布局文件中添加一个 BottomNavigationView 组件。代码如下：

```
<com.google.android.material.bottomnavigation.BottomNavigationView
    android:id="@+id/bottom_nav"
    android:layout_width="match_parent"
    android:layout_height="wrap_content"
    app:menu="@menu/bottom_nav_menu" />
```

其中，menu 属性指定了 BottomNavigationView 要展示的菜单，可以新建一个 menu 目录用来存放这个菜单。

使用 BottomNavigationView 时需要配合 CoordinatorLayout 使用，而 CoordinatorLayout 的父容器需为 AppBarLayout 或其他 support.v4 包中提供专门的 ViewGroup。

（3）在 res/menu 目录下创建一个 XML 文件，定义 BottomNavigationView 菜单项。每个菜单项定义包括 title 和 icon 属性。代码如下：

```
<menu xmlns:android="http://schemas.android.com/apk/res/android">
    <item
        android:id="@+id/nav_home"
        android:title="Home"
        android:icon="@drawable/ic_home" />
    <item
        android:id="@+id/nav_notifications"
        android:title="Notifications"
        android:icon="@drawable/ic_notifications" />
    <item
        android:id="@+id/nav_settings"
        android:title="Settings"
        android:icon="@drawable/ic_settings" />
</menu>
```

（4）在 Activity 或 Fragment 中，为 BottomNavigationView 添加监听器，处理点击事件。代码如下：

```
public class MainActivity extends AppCompatActivity {
    private BottomNavigationView bottomNavView;
    @Override
```

```
    protected void onCreate(Bundle savedInstanceState) {
        super.onCreate(savedInstanceState);
        setContentView(R.layout.activity_main);
        bottomNavView=findViewById(R.id.bottom_nav);
bottomNavView.setOnNavigationItemSelectedListener(this::onNavigationItemS
elected);
    }
    private boolean onNavigationItemSelected(@NonNull MenuItem item) {
        switch(item.getItemId()) {
            case R.id.nav_home:
                displayFragment(new HomeFragment());
                return true;
            case R.id.nav_notifications:
                displayFragment(new NotificationFragment());
                return true;
            case R.id.nav_settings:
                displayFragment(new SettingsFragment());
                return true;
            default:
                return false;
        }
    }
    private void displayFragment(Fragment fragment) {
        getSupportFragmentManager().beginTransaction()
                .replace(R.id.fragment_container, fragment)
                .commit();
    }
}
```

其中，displayFragment() 方法用于替换当前显示的 Fragment。注意：要在布局文件加载完成之后，先找到 BottomNavigationView 组件才能设置监听器。

任务演练——创建一个底部导航

（1）创建项目，在 XML 布局文件中添加 BottomNavigationView，并设置其 id、宽度、高度和对齐方式。指定一个菜单资源文件，该文件将在 BottomNavigationView 中显示选项卡。代码如下：

```
<com.google.android.material.bottomnavigation.BottomNavigationView
    android:id="@+id/bottom_navigation"
    android:layout_width="match_parent"
    android:layout_height="wrap_content"
    android:layout_gravity="bottom"
    app:menu="@menu/bottom_navigation_menu" />
```

（2）在 res/menu 目录下创建一个新的菜单资源文件，如 bottom_navigation_menu.xml。在其中添加 3 个菜单项，分别对应主页、仪表板和通知选项卡。每个菜单项都有一个唯一的 id、一个图标和一个标题。代码如下：

```
<menu xmlns:android="http://schemas.android.com/apk/res/android">
    <item
        android:id="@+id/navigation_home"
        android:icon="@drawable/ic_home"
        android:title="@string/home" />
    <item
        android:id="@+id/navigation_dashboard"
        android:icon="@drawable/ic_dashboard"
        android:title="@string/dashboard" />
    <item
        android:id="@+id/navigation_notifications"
        android:icon="@drawable/ic_notifications"
        android:title="@string/notifications" />
</menu>
```

（3）设置一个选项卡监听器，以便在用户单击选项卡时执行相应的操作。代码如下：

```
BottomNavigationView bottomNavigationView=findViewById(R.id.bottom_
navigation);
```

```
bottomNavigationView.setOnNavigationItemSelectedListener(new
BottomNavigationView.OnNavigationItemSelectedListener() {
    @Override
    public boolean onNavigationItemSelected(@NonNull MenuItem item) {
        switch(item.getItemId()) {
            case R.id.navigation_home:
                // 执行主页操作
                return true;
            case R.id.navigation_dashboard:
                // 执行仪表板操作
                return true;
            case R.id.navigation_notifications:
                // 执行通知操作
                return true;
        }
        return false;
    }
});
```

（4）使用 bottomNavigationView.setSelectedItemId() 方法设置默认选项卡。代码如下：

```
bottomNavigationView.setSelectedItemId(R.id.navigation_dashboard);
```

（5）使用 app:itemIconTint 和 app:itemTextColor 属性来自定义选项卡的图标和文本颜色。代码如下：

```
<com.google.android.material.bottomnavigation.BottomNavigationView
    android:id="@+id/bottom_navigation"
    android:layout_width="match_parent"
    android:layout_height="wrap_content"
    android:layout_gravity="bottom"
    app:itemIconTint="@color/bottom_navigation_item_color"
    app:itemTextColor="@color/bottom_navigation_item_color"
    app:menu="@menu/bottom_navigation_menu" />
```

（6）运行代码并查看效果，底部导航界面如图 8-1 所示。

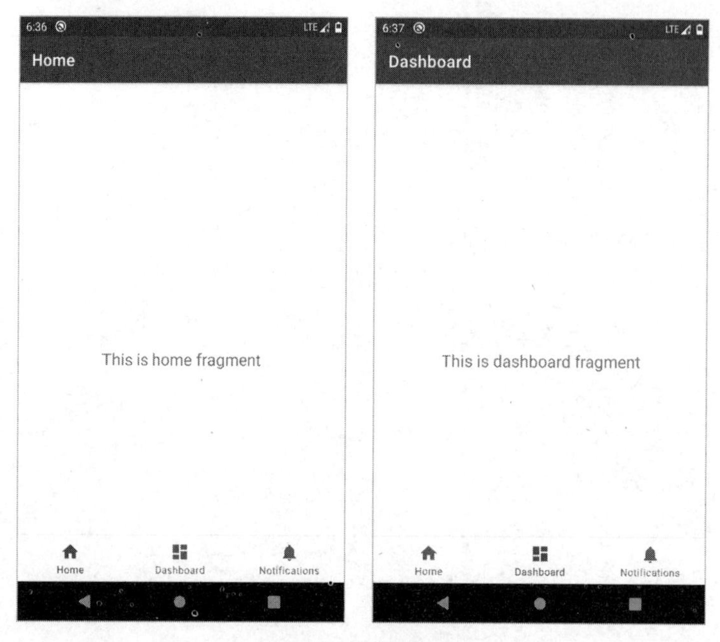

图 8-1　底部导航界面

任务拓展——制作智慧农业应用程序

微课视频

（1）创建 BottomNavigation 项目，在 homefragment 中添加一个包含两个 TextView 和一个 ImageView 的 LinearLayout。该 LinearLayout 的高度是父布局高度的 3.5 倍，并且在垂直方向排列子元素。

ImageView 的高度权重值 layout_weight 设置为 9，宽度与 LinearLayout 的宽度相等。textView8 的高度权重值 layout_weight 设置为 1，它是一个居中对齐的文本视图，显示文本"A New Nice Day"，字体大小为 24 sp，字体样式为 cursive。

textView4 的高度权重值 layout_weight 设置为 1，它也是一个居中对齐的文本视图，显示文本"美好的一天，始于每一片新叶！"，字体大小为 18 sp，字体加粗。代码如下：

```
<LinearLayout
    android:layout_width="match_parent"
    android:layout_height="0dp"
    android:layout_weight="3.5"
    android:orientation="vertical">
    <ImageView
        android:id="@+id/imageView"
        android:layout_width="match_parent"
        android:layout_height="0dp"
```

```
        android:layout_weight="9"
        app:layout_constraintBottom_toBottomOf="parent"
        app:layout_constraintEnd_toEndOf="parent"
        app:layout_constraintHorizontal_bias="1.0"
        app:layout_constraintStart_toStartOf="parent"
        app:layout_constraintTop_toTopOf="parent"
        app:layout_constraintVertical_bias="0.0"
        app:srcCompat="@drawable/flower3" />

    <TextView
        android:id="@+id/textView8"
        android:layout_width="match_parent"
        android:layout_height="0dp"
        android:layout_weight="1"
        android:fontFamily="cursive"
        android:gravity="center"
        android:text="A New Nice Day"
        android:textSize="24sp" />

    <TextView
        android:id="@+id/textView4"
        android:layout_width="match_parent"
        android:layout_height="0dp"
        android:layout_weight="1"
        android:gravity="center"
        android:text="美好的一天，始于每一片新叶！"
        android:textSize="18sp"
        android:textStyle="bold" />
</LinearLayout>
```

（2）添加一个包含一个 ImageButton 和一个 TextView 的 LinearLayout。该 LinearLayout 的宽度是父布局宽度的 1/3，高度与父布局相等，并且在垂直方向排列子元素。

ImageButton 的宽度和高度都是 80 dp，它是一个圆形按钮，背景为 @drawable/circle_btn，图片为 @drawable/ui_jiaohua。图片的缩放类型为 centerInside。

TextView 的宽度与 LinearLayout 相等，高度为 wrap_content，显示文本“一键灌溉”，字体大小为 18 sp，字体加粗，文本居中对齐。该 TextView 距离 ImageButton 顶部有 20 dp 的间距。整个 LinearLayout 中的子元素都垂直居中对齐。代码如下：

```
<LinearLayout
    android:layout_width="0dp"
    android:layout_height="match_parent"
    android:layout_weight="1"
    android:gravity="center"
    android:orientation="vertical">

    <ImageButton
        android:id="@+id/imageButton"
        android:layout_width="80dp"
        android:layout_height="80dp"
        android:layout_marginTop="20dp"
        android:background="@drawable/circle_btn"
        android:scaleType="centerInside"
        android:src="@drawable/ui_jiaohua" />

    <TextView
        android:id="@+id/textView5"
        android:layout_width="match_parent"
        android:layout_height="wrap_content"
        android:layout_marginTop="20dp"
        android:text=" 一键灌溉 "
        android:textAlignment="center"
        android:textSize="18sp"
        android:textStyle="bold" />
</LinearLayout>
```

（3）添加一个包含一个 ImageButton 和一个 TextView 的 LinearLayout。该 LinearLayout 的宽度是父布局宽度的 1/3，高度与父布局相等，并且在垂直方向排列子元素。

ImageButton 的宽度和高度都是 80 dp，它是一个圆形按钮，背景为 @drawable/circle_btn，图片为 @drawable/ui_buguang。图片的缩放类型为 centerInside。

TextView 的宽度与 LinearLayout 相等，高度为 wrap_content，显示文本“一键补光”，字体大小为 18 sp，字体加粗，文本居中对齐。该 TextView 距离 ImageButton 顶部有 20 dp 的间距。整个 LinearLayout 中的子元素都垂直居中对齐。代码如下：

```
<LinearLayout
    android:layout_width="0dp"
    android:layout_height="match_parent"
    android:layout_weight="1"
    android:gravity="center"
    android:orientation="vertical">

    <ImageButton
        android:id="@+id/imageButton2"
        android:layout_width="80dp"
        android:layout_height="80dp"
        android:layout_marginTop="20dp"
        android:background="@drawable/circle_btn"
        android:scaleType="centerInside"
        android:src="@drawable/ui_buguang" />

    <TextView
        android:id="@+id/textView6"
        android:layout_width="match_parent"
        android:layout_height="wrap_content"
        android:layout_marginTop="20dp"
        android:text=" 一键补光 "
        android:textAlignment="center"
        android:textSize="18sp"
        android:textStyle="bold" />
</LinearLayout>
```

（4）添加一个包含两个 TextView 和一个 ImageView 的 LinearLayout。该 LinearLayout 的宽度是父布局宽度的 1/3，高度与父布局相等，并且在垂直方向排列子元素。

第一个 TextView 的宽度与 LinearLayout 相等，高度占 LinearLayout 的 0.8，距离上方有 10 dp 的间距。该 TextView 显示文本“空气温度”，字体大小为 18 sp，居中对齐，字体颜色

为 @android:color/background_light。

ImageView 的宽度与 LinearLayout 相等，高度占 LinearLayout 的 1/3，app:srcCompat 为 @drawable/ic_temp。

第二个 TextView 的宽度与 LinearLayout 相等，高度占 LinearLayout 的 2/3。该 TextView 的背景色为绿色 #4CAF50，显示文本“27.5 ℃”，字体大小为 36 sp，字体颜色为白色 #FFFFFF，居中对齐。代码如下：

```
<LinearLayout
    android:layout_width="0dp"
    android:layout_height="match_parent"
    android:layout_weight="1"
    android:orientation="vertical">

    <TextView
        android:id="@+id/cur_tmp_txt"
        android:layout_width="match_parent"
        android:layout_height="0dp"
        android:layout_marginTop="10dp"
        android:layout_weight="0.8"
        android:gravity="center"
        android:text=" 空气温度 "
        android:textAlignment="center"
        android:textColor="@android:color/background_light"
        android:textSize="18sp" />

    <ImageView
        android:id="@+id/imageView2"
        android:layout_width="match_parent"
        android:layout_height="0dp"
        android:layout_weight="1"
        app:srcCompat="@drawable/ic_temp" />

    <TextView
        android:id="@+id/cur_tmp"
```

```
        android:layout_width="match_parent"
        android:layout_height="0dp"
        android:layout_weight="2"
        android:background="#4CAF50"
        android:gravity="center"
        android:text="27.5℃ "
        android:textColor="#FFFFFF"
        android:textSize="36sp" />
</LinearLayout>
```

（5）其他内容的实现方法类似，智慧农业应用程序最终实现效果如图 8-2 所示。

图 8-2　智慧农业应用程序最终实现效果

任务巩固——优化智慧农业应用程序

在任务拓展的基础上，将智慧农业应用程序进行优化，添加一个导航选项，并且优化界面内容，在界面上可进行植物图片的选择。优化后的智慧农业应用程序参考效果如图 8-3 所示。

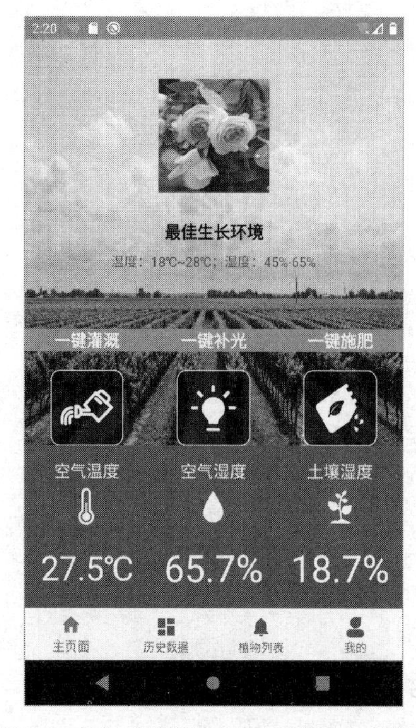

图 8-3　优化后的智慧农业应用程序参考效果

任务小结

（1）Fragment 有自己的生命周期，需要正确处理其生命周期方法，避免出现内存泄漏和其他异常情况。

（2）Fragment 的布局需要与宿主 Activity 的布局进行协调，避免出现布局重叠和其他显示问题。

（3）Fragment 与宿主 Activity 之间的通信需要使用正确的方式，如接口回调、广播、事件总线等，避免出现数据不一致和其他问题。

（4）Fragment 的回退栈需要正确处理，避免出现回退异常和其他问题。

（5）Fragment 的状态需要正确保存和恢复，避免出现数据丢失和其他问题。

（6）Fragment 需要适配不同屏幕尺寸和设备类型，需要使用正确的布局和资源，以提高应用程序的兼容性和用户体验。

任务 9
文件存储

任务场景

Android 文件存储适用于存储需要长期保存的大量非结构化数据，如图片、音频、视频等文件，以及应用程序的配置文件、日志文件等。而 SharedPreferences 存储适用于存储少量的结构化数据，如应用程序的配置信息、用户偏好设置等，以及需要在应用程序内部共享的数据。需要根据具体的需求选择合适的存储方式。

寄语：应用数据时刻有，秉笔直书留印记。用户使用应用程序的过程中，时时刻刻会产生数据，开发者要客观地记录数据，安全地保存数据，怀有责任心地去使用数据。

任务目标

（1）掌握 Android 的文件存储机制。

（2）掌握文件读写的基本操作。

（3）理解 Android 文件存储的安全性问题。

（4）理解 SharedPreferences 存储的概念和特点。

（5）掌握 SharedPreferences 存储的使用方法。

任务准备

微课视频

1. Android 的文件存储机制

Android 的文件存储机制可以分为内部存储和外部存储两种方式。内部存储是指应用程序私有的存储空间，只有应用程序本身可以访问。外部存储是指 SD 卡（Secure Digital，安全卡）或其他外部存储设备，可以被多个应用程序共享访问。

在 Android 中，可以使用 File 类和相关的输入输出流类（如 FileInputStream 和 FileOutputStream 等）来进行文件的读写操作。使用这些类可以实现对文件的读写、复制、删除等操作。

在进行文件存储时，需要注意数据的安全性和保护。对于内部存储，由于只有应用程序本身可以访问，所以安全性较高；而对于外部存储，由于可以被多个应用程序共享访问，所以需要注意文件的访问权限和保护。同时，还需要根据具体的需求选择合适的文件存储方式和操作方法，以便实现最佳的性能和效率。

（1）Android 的内部存储。

Android 的内部存储是指应用程序私有的存储空间，只有应用程序本身可以访问。内部存储的路径为 /data/data/ 包名 /，其中包名是应用程序的包名。在内部存储中，可以存储应用程序的配置信息、数据库文件和缓存文件等数据。

内部存储的特点是安全性高、访问速度快、操作简单。由于内部存储只能被应用程序本身访问，所以数据的安全性较高，不会被其他应用程序或用户访问和修改。同时，由于内部存储的读写速度快，所以适合存储一些需要频繁读写的数据，如应用程序的配置信息和缓存文件等。另外，内部存储的操作也比较简单，可以使用 File 类和相关的输入输出流类（如 FileInputStream 和 FileOutputStream 等）来进行文件的读写操作。

但是，内部存储也有缺点，其存储容量较小，通常只有几十兆字节到几百兆字节，无法存储大量的数据。因此，在进行文件存储时需要根据具体的需求选择合适的存储方式和存储位置，以便实现最佳的性能和效率。同时，还需要注意数据的安全性和保护，以避免数据泄露和损坏。以下是一个使用内部存储进行文件读写的示例。

① 首先使用 openFileOutput() 方法获取一个文件输出流，该方法的第一个参数是文件名，第二个参数是写入模式，MODE_PRIVATE 表示只有当前应用程序可以访问该文件。然后，将要写入的内容转换成字节数组，并使用 FileOutputStream 的 write() 方法将其写入文件中。最后关闭文件输出流，释放资源。代码如下：

```
private void writeFile(String fileName, String content) {
    FileOutputStream fos=null;
    try {
        fos=openFileOutput(fileName, Context.MODE_PRIVATE);
        fos.write(content.getBytes());
    } catch(IOException e) {
        e.printStackTrace();
    } finally {
        if (fos!=null) {
```

```
            try {
                fos.close();
            } catch(IOException e) {
                e.printStackTrace();
            }
        }
    }
}
```

②首选使用 openFileInput() 方法获取一个文件输入流，该方法的参数是文件名。然后，使用 FileInputStream 的 read() 方法读取文件内容，并将其转换成字符串返回。最后关闭文件输入流，释放资源。代码如下：

```
private String readFile(String fileName) {
    FileInputStream fis=null;
    try {
        fis=openFileInput(fileName);
        byte[] buffer=new byte[fis.available()];
        fis.read(buffer);
        return new String(buffer);
    } catch (IOException e) {
        e.printStackTrace();
    } finally {
        if (fis!=null) {
            try {
                fis.close();
            } catch(IOException e) {
                e.printStackTrace();
            }
        }
    }
    return null;
}
```

（2）Android 的外部存储。

Android 的外部存储是指设备上除了内部存储之外的存储介质，如 SD 卡等。与内部存储相比，外部存储通常具有更大的存储容量，但也更容易受到外界环境的影响。在 Android 中，可以通过 Environment 类提供的一些方法来访问外部存储。

①获取外部存储的根目录：

```
File externalStorage=Environment.getExternalStorageDirectory();
```

该方法返回一个 File 对象，表示外部存储的根目录。在大多数设备上，该目录对应的是 SD 卡的根目录。该方法在 Android 10 及以上版本中已经被废弃，推荐使用 getExternalFilesDir() 或 getExternalCacheDir() 方法获取应用程序专属的外部存储目录。例如：

```
File externalFilesDir=getExternalFilesDir(null);
File externalCacheDir=getExternalCacheDir();
```

getExternalFilesDir() 方法返回一个 File 对象，表示应用程序专属的外部存储目录，该目录下的文件只能被当前应用程序访问。该方法的参数可以指定一个子目录名称，如果不需要就传入 null。getExternalCacheDir() 方法返回一个 File 对象，表示应用程序专属的外部存储缓存目录，该目录下的文件可能会被系统自动清理。

获取外部存储目录需要声明相应的权限，如 READ_EXTERNAL_STORAGE 和 WRITE_EXTERNAL_STORAGE 权限。

②检查外部存储是否可用：

```
boolean isExternalStorageWritable=Environment.getExternalStorageState().
equals(Environment.MEDIA_MOUNTED);
boolean isExternalStorageReadable=Environment.getExternalStorageState().
equals(Environment.MEDIA_MOUNTED) || Environment.getExternalStorageState().
equals(Environment.MEDIA_MOUNTED_READ_ONLY);
```

可以通过 Environment.getExternalStorageState() 方法获取外部存储的状态，返回值为一个字符串，表示当前外部存储的状态。其中，MEDIA_MOUNTED 表示外部存储已经挂载并可读写，MEDIA_MOUNTED_READ_ONLY 表示外部存储已经挂载但只读，其他状态表示外部存储不可用。

③使用外部存储进行文件读写，代码如下：

```
private void writeFile(File file, String content) {
    FileOutputStream fos=null;
```

```
        try {
            fos=new FileOutputStream(file);
            fos.write(content.getBytes());
        } catch(IOException e) {
            e.printStackTrace();
        } finally {
            if(fos!=null) {
                try {
                    fos.close();
                } catch(IOException e) {
                    e.printStackTrace();
                }
            }
        }
    }
    private String readFile(File file) {
        FileInputStream fis=null;
        try {
            fis=new FileInputStream(file);
            byte[] buffer=new byte[fis.available()];
            fis.read(buffer);
            return new String(buffer);
        } catch(IOException e) {
            e.printStackTrace();
        } finally {
            if(fis!=null) {
                try {
                    fis.close();
                } catch(IOException e) {
                    e.printStackTrace();
                }
            }
```

```
        }
        return null;
    }
```

在使用外部存储进行文件读写时，与内部存储类似，需要先获取一个文件输出流或输入流，然后进行文件的读写操作。使用外部存储进行文件读写需要声明相应的权限，如 READ_EXTERNAL_STORAGE 和 WRITE_EXTERNAL_STORAGE 权限。

2. SharedPreferences 存储

SharedPreferences 是 Android 中一种轻量级的数据存储方式，它可以用于存储简单的键值对数据，如应用程序的设置项、用户的偏好设置等。SharedPreferences 存储的数据是以 XML 文件的形式保存在设备上的，可以在应用程序中方便地进行读写操作。

以下是一个使用 SharedPreferences 进行数据存储和读取的示例。

（1）获取 SharedPreferences 对象。

使用 getSharedPreferences() 方法可以获取一个 SharedPreferences 对象。该方法的第一个参数是 SharedPreferences 的名称，可以自行定义，第二个参数是访问权限，可以选择 MODE_PRIVATE 或 MODE_MULTI_PROCESS 等。例如：

```
SharedPreferences sharedPreferences=getSharedPreferences("my_
preferences", Context.MODE_PRIVATE);
```

（2）存储数据。

通过 SharedPreferences.edit() 方法可以获取一个 SharedPreferences.Editor 对象，该对象可以用于存储数据。可以使用 putString()、putInt()、putBoolean() 等方法存储不同类型的数据，其中第一个参数为键，第二个参数为值。存储数据时需要调用 apply() 或 commit() 方法提交修改，否则数据不会被保存。例如：

```
SharedPreferences.Editor editor=sharedPreferences.edit();
editor.putString("username", "Tom");
editor.putInt("age", 18);
editor.putBoolean("is_vip", true);
editor.apply();
```

（3）读取数据。

通过 SharedPreferences 对象的 getString()、getInt()、getBoolean() 等方法可以读取存

储的数据，其中第一个参数为键，第二个参数为默认值。若指定的键不存在，则返回默认值，例如：

```
String username=sharedPreferences.getString("username", "");
int age=sharedPreferences.getInt("age", 0);
boolean isVip=sharedPreferences.getBoolean("is_vip", false);
```

SharedPreferences 存储的数据量较小，适合存储简单的配置信息和用户偏好设置等数据。如果需要存储大量数据或复杂的数据结构，建议使用其他存储方式，如 SQLite 数据库或文件存储等。

任务演练——使用文本存储实现记住密码功能

微课视频

1. 构建登录界面

（1）创建项目，在布局文件中添加两个 EditText 组件，用于输入用户名和密码，id 分别为 editTextTextPersonName 和 editTextTextPassword，宽度为 300 dp，高度为 50 dp，设置输入类型和提示文字。

（2）添加一个 Button 组件，用于点击登录，id 为 button_alpha，宽度为 250 dp，高度为 50 dp，颜色为 #EA690B，文本为“登录”。

（3）添加一个 ImageView 组件，用于显示应用 Logo，id 为 imageView，宽度为 120 dp，高度为 120 dp。

（4）添加一个 TextView 组件，用于显示应用名称，id 为 textView，文本为“智慧橙园”，字体大小为 24 sp，字体加粗。

（5）添加一个 CheckBox 组件，用于记住登录密码，id 为 checkBox，文本为“记住密码”，字体大小为 16 sp。智慧橙园登录界面实现效果如图 9-1 所示。

2. 记住密码功能实现

（1）通过 findViewById() 方法获取布局文件中的 EditText、Button 和 CheckBox 组件，并保存在对应的成员变量中。

调用一个自定义的方法 initView()，用于设置按钮的点击监听事件。在这个方法中，使用了 this 关键字作为按钮的点击监听器，即当前 Activity 实现了 View.OnClickListener 接口，实现了 onClick() 方法。

图 9-1　智慧橙园登录界面实现效果

在 onCreate() 方法中，还调用了一个自定义的方法 getUserInfo()，用于从 SharedPreferences 中读取保存的用户名和密码信息。若读取到信息，则将用户名和密码分别显示在对应的 EditText 组件上。代码如下：

```
private EditText et_account;          //用户名输入框
private EditText et_password;         //密码输入框
private Button btn_login;             //“登录”按钮
private CheckBox remenberCheck;
@Override
protected void onCreate(Bundle savedInstanceState) {
    super.onCreate(savedInstanceState);
    setContentView(R.layout.activity_task08_save_in_text);
    initView();
    Map<String, String> userInfo=getUserInfo(this);
    if(userInfo!=null) {
         et_account.setText(userInfo.get("account"));    //将获取的用户名显示
到界面上
         et_password.setText(userInfo.get("password")); //将获取的密码显示到
界面上
    }
```

```
}
private void initView() {
    et_account=(EditText) findViewById(R.id.editTextTextPersonName);
    et_password=(EditText) findViewById(R.id.editTextTextPassword);
    btn_login=(Button) findViewById(R.id.button_alpha);
    remenberCheck=findViewById(R.id.checkBox);
    //设置按钮的点击监听事件
    btn_login.setOnClickListener(this);
}
```

（2）首先通过 context.openFileOutput() 方法获取文件的输出流对象 fos，文件名为 data.txt，文件的访问权限为 Context.MODE_PRIVATE，表示只能被当前应用程序访问。接着将用户名和密码信息拼接成一个字符串，使用 getBytes() 方法将其转换为字节码形式，然后通过 fos.write() 方法将字节码写入文件中。最后在 finally 块中关闭输出流对象 fos，释放资源。代码如下：

```
public static boolean saveUserInfo(Context context, String account, String
        password) {
    FileOutputStream fos=null;
    try {
        //获取文件的输出流对象 fos
        fos=context.openFileOutput("data.txt",
                Context.MODE_PRIVATE);
        //将数据转换为字节码的形式写入 data.txt 文件中
        fos.write((account + ":" + password).getBytes());
        return true;
    } catch(Exception e) {
        e.printStackTrace();
        return false;
    }finally {
        try {
            if(fos!=null){
                fos.close();
            }
        } catch(IOException e) {
```

```
                e.printStackTrace();
            }
        }
    }
```

（3）定义一个静态成员方法，接收一个 Context 对象作为参数，并返回一个 Map <String,String> 类型的对象，其中包含了读取到的用户名和密码信息。在该方法中，首先声明了一个空字符串 content，用于保存从文件中读取到的数据。接着通过 context.openFileInput() 方法获取文件的输入流对象 fis，文件名为 data.txt，表示从该文件中读取数据。然后使用 fis.available() 方法获取输入流对象中的数据长度，创建一个字节数组 buffer，并通过 fis.read() 方法读取输入流对象中的数据到字节数组中。再接着将字节数组转换为字符串，使用 split() 方法将字符串以“:”分隔成一个数组 infos，然后将数组中的第一个元素作为用户名，第二个元素作为密码，分别存入一个 HashMap 对象 userMap 中。最后在 finally 块中关闭输入流对象 fis，释放资源。代码如下：

```
public static Map<String, String> getUserInfo(Context context) {
    String content="";
    FileInputStream fis=null;
    try {
        //获取文件的输入流对象 fis
        fis=context.openFileInput("data.txt");
        //将输入流对象中的数据转换为字节码的形式
        byte[] buffer=new byte[fis.available()];
        fis.read(buffer);//通过 read() 方法读取字节码中的数据
        content=new String(buffer); //将获取的字节码转换为字符串
        Map<String, String> userMap=new HashMap<String, String>();
        String[] infos=content.split(":");//将字符串以“:”分隔后形成一个数组的
形式
        userMap.put("account", infos[0]);
        userMap.put("password", infos[1]);
        return userMap;
    } catch(Exception e) {
        e.printStackTrace();
        return null;
    }finally {
```

```
        try {
            if(fis!=null){
                fis.close();
            }
        } catch(IOException e) {
            e.printStackTrace();
        }
    }
}
```

（4）当用户点击“登录”按钮时，执行登录业务逻辑。首先通过 et_account.getText().toString().trim() 和 et_password.getText().toString() 获取界面上输入的用户名和密码。然后通过 TextUtils.isEmpty() 方法检验输入的用户名和密码是否为空，若为空则弹出提示信息并返回。若用户勾选“记住密码”复选框，则调用 saveUserInfo() 方法保存用户名和密码到文件中，并弹出相应的提示信息。代码如下：

```
public void onClick(View view) {
    switch(view.getId()) {
        case R.id.button_alpha:
            //当点击“登录”按钮时，获取界面上输入的用户名和密码
            String account=et_account.getText().toString().trim();
            String password=et_password.getText().toString();
            //检验输入的用户名和密码是否为空
            if(TextUtils.isEmpty(account)) {
         Toast.makeText(this, "请输入用户名", Toast.LENGTH_SHORT).show();
                return;
            }
            if(TextUtils.isEmpty(password)) {
         Toast.makeText(this, "请输入密码", Toast.LENGTH_SHORT).show();
                return;
            }
            Toast.makeText(this, "登录成功", Toast.LENGTH_SHORT).show();
            //保存用户信息
            if(remenberCheck.isChecked())
            {
```

```
                boolean isSaveSuccess=saveUserInfo(this, account,
                        password);
                if(isSaveSuccess) {
                Toast.makeText(this, "保存成功", Toast.LENGTH_SHORT).show();
                } else {
                Toast.makeText(this, "保存失败", Toast.LENGTH_SHORT).show();
                }
            }
            break;
    }
}
```

任务拓展——使用 SharedPreferences 存储实现记住密码功能

微课视频

（1）基于上一阶段完成的登录界面，使用 SharedPreferences 存储实现记住密码功能。

（2）改写 saveUserInfo() 方法。首先使用 context.getSharedPreferences() 方法获取一个 SharedPreferences 对象 sp，文件名为 data，表示保存到 data.xml 文件中。然后使用 sp.edit() 方法获取一个 SharedPreferences.Editor 对象 edit，用于编辑 SharedPreferences 对象。接着调用 edit.putString() 方法将用户名和密码信息存入 SharedPreferences 对象中，键为 userName 和 pwd，值分别为 account 和 password。最后调用 edit.commit() 方法提交修改，返回 true 表示保存成功。代码如下：

```
public static boolean saveUserInfo(Context context, String account,
String password)
{
    SharedPreferences sp=context.getSharedPreferences("data",
            Context.MODE_PRIVATE);
    SharedPreferences.Editor edit=sp.edit();
    edit.putString("userName", account);
    edit.putString("pwd", password);
    edit.commit();
    return true;
}
```

（3）改写 getUserInfo() 方法。首先使用 context.getSharedPreferences() 方法获取一个 SharedPreferences 对象 sp，文件名为 data。然后使用 sp.getString() 方法分别获取键为 userName 和 pwd 的值，即用户名和密码信息。最后将用户名和密码信息存入一个 HashMap 对象 userMap 中，并返回该对象。代码如下：

```
public static Map<String, String> getUserInfo(Context context) {
    SharedPreferences sp=context.getSharedPreferences("data",
            Context.MODE_PRIVATE);
    String account=sp.getString("userName", null);
    String password=sp.getString("pwd", null);
    Map<String, String> userMap=new HashMap<String, String>();
    userMap.put("account", account);
    userMap.put("password", password);
    return userMap;
}
```

任务巩固——制作欢迎界面

欢迎界面是一个应用程序启动后显示的第一个界面，通常用于展示应用程序的 Logo 和简短的欢迎信息，同时也可以进行一些初始化操作，如检查更新、加载数据等。欢迎界面通常是一个全屏界面，可以设置一个定时器，在一定时间后自动跳转到主界面或登录界面。也可以在界面上添加一个按钮，让用户手动跳转到主界面或登录界面。请利用 SharedPreferences 存储实现首次启动欢迎界面。首次启动欢迎界面参考效果如图 9-2 所示。

图 9-2　首次启动欢迎界面参考效果

任务小结

（1）在进行文件存储时，需要获取相应的权限，如读写外部存储的权限。在 Android 6.0 及以上版本中，还需要动态获取权限。

（2）在 Android 中，可以使用内部存储和外部存储两种方式进行文件存储。内部存储只能被应用程序本身访问，而外部存储可以被其他应用程序访问。在选择文件存储路径时，需要根据实际需求进行选择。

（3）文件名应该具有唯一性，以避免文件名冲突。可以使用时间戳、UUID（Universally Unique Identifier，通用唯一识别码）等方式生成唯一的文件名。

（4）不同的文件格式适用于不同的场景。例如，文本文件适用于存储文本信息，而图片文件适用于存储图片信息。

（5）在进行文件读写时，需要确保文件已经存在，并且有相应的读写权限。在进行文件写入时，需要注意文件的写入方式，避免数据覆盖或丢失。

（6）在 Android 中，对于不同的存储方式，文件大小限制也不同。在进行文件存储时，需要根据实际需求选择合适的存储方式，并注意文件大小限制。

任务 10
数据库存储

任务场景

在 Android 开发中，SQLite 是一种常用的数据库，适用于存储少量数据和需要高效访问数据的场景。由于 SQLite 具有轻量级、高效、快速的特点，并且是 Android 系统中默认的数据库，所以它几乎能满足 Android 应用程序的各种数据存储需求。

寄语：数据价值重千金，安全治数创价值。数字化是推动社会发展的动力，数据的存储是数字化应用的基石之一。

任务目标

（1）SQLite 数据库的基本概念和使用方法。

（2）SQLite 数据库的数据类型和约束。

（3）SQLite 数据库的事务处理。

任务准备

微课视频

1. Android 数据库 SQLite

Android SQLite 是在移动应用程序上使用的嵌入式关系型数据库。它允许用户轻松地在应用程序中存储和检索数据。

以下是 Android SQLite 的主要特点。

轻量级：SQLite 很小，只需要少量内存并且可以很容易地嵌入应用程序中，因此适用于 Android 这样的移动设备平台。

开源：SQLite 是开源的，无须任何授权费用。它也非常受欢迎，由一个活跃的社区支持。

可靠性：SQLite 的稳定性已经得到证明，其被广泛用于生产环境中的大型项目中。

原子性事务处理：SQLite 支持原子性事务处理，这意味着如果有任何错误发生，整个事务将会回滚至原始状态。

快速：SQLite 是一种高效的嵌入式数据库，允许用户快速地插入、更新和查询数据。

简单：SQLite 具有极其简单的结构。它只需要几行代码就可以设置和配置。

2. SQLite 数据库的相关操作

（1）创建 SQLiteOpenHelper 类。SQLiteOpenHelper 是一个辅助类，用于管理 SQLite 数据库的创建、版本控制和打开。它提供了一些有用的方法来帮助用户在应用程序中使用 SQLite 数据库。SQLiteOpenHelper 的构造方法用于创建 SQLiteOpenHelper 对象。它接收 4 个参数：上下文、数据库名称、游标工厂和数据库版本号。当第一次创建数据库时，会自动调用 onCreate() 方法。在此方法中可以定义要创建的数据库表以及表格中包含的列；若用户升级应用程序并更改了数据库模式，则必须在 onUpgrade() 方法中修改表结构。此方法会检查旧版本号和新版本号，并相应地更新数据库。代码如下：

```
public class MyDatabaseHelper extends SQLiteOpenHelper {
private static final String DATABASE_NAME="my_database";
private static final int DATABASE_VERSION=1;
public MyDatabaseHelper(Context context) {
    super(context, DATABASE_NAME, null, DATABASE_VERSION);
}
@Override
public void onCreate(SQLiteDatabase db) {
      db.execSQL("CREATE TABLE information(_id INTEGER PRIMARY KEY
AUTOINCREMENT, name VARCHAR(30), phone_number VARCHAR(20))");
}
@Override
public void onUpgrade(SQLiteDatabase db, int oldVersion, int newVersion) {
    db.execSQL("DROP TABLE IF EXISTS information");
    onCreate(db);
}
}
```

（2）定义数据库表和列对应的实体类。代码如下：

```
public final class Contract {
    public static abstract class InformationEntry implements BaseColumns {
        public static final String TABLE_NAME="information";
        public static final String COLUMN_NAME="name";
        public static final String COLUMN_PHONE_NUMBER="phone_number";
    }
}
```

（3）使用 ContentValues 插入和更新数据。在使用 insert 语句插入数据时，首先需要创建一个 ContentValues 对象来保存待插入的数据，然后将其作为参数传递给 insert() 方法。代码如下：

```
private void insertData(SQLiteDatabase db, String name, String
phoneNumber) {
    ContentValues values=new ContentValues();
    values.put(InformationEntry.COLUMN_NAME, name);
    values.put(InformationEntry.COLUMN_PHONE_NUMBER, phoneNumber);
    db.insert(InformationEntry.TABLE_NAME, null, values);
}
private void updateData(SQLiteDatabase db, long id, String name, String
phoneNumber) {
    ContentValues values=new ContentValues();
    values.put(InformationEntry.COLUMN_NAME, name);
    values.put(InformationEntry.COLUMN_PHONE_NUMBER, phoneNumber);
     db.update(InformationEntry.TABLE_NAME, values, InformationEntry._ID +
"=?", new String[]{String.valueOf(id)});
}
```

（4）通过查询方法访问数据。在使用 query 语句查询数据时，select 子句的第二个参数必须指定要查询的列名。另外，SQLiteOpenHelper 中提供的 query() 方法返回的是一个 Cursor 对象，需要使用该对象的 moveToNext() 方法逐行读取数据。还可以使用其他的 SQL 语句来实现查询操作，例如，使用 execSQL() 方法执行 SELECT 语句。在使用 SQL 语句时，请务必使用参数化查询，并避免使用拼接字符串的方式构建 SQL 语句，以防止 SQL 注入漏洞。代码如下：

```
private void queryData(SQLiteDatabase db) {
String[] projection={InformationEntry._ID, InformationEntry.COLUMN_NAME,
InformationEntry.COLUMN_PHONE_NUMBER};

Cursor cursor=db.query(
    InformationEntry.TABLE_NAME, projection, null, null, null, null, null);
if(cursor!=null && cursor.moveToFirst()) {
    do {
        long id=cursor.getLong(cursor.getColumnIndex(InformationEntry._ID));
         String name=cursor.getString(cursor.getColumnIndex(InformationEntry.
COLUMN_NAME));
          String phone=cursor.getString(cursor.getColumnIndex(InformationEntry.
COLUMN_PHONE_NUMBER));
        Log.d(TAG, "id: " + id + ", name: " + name + ", phone: " + phone);
    } while(cursor.moveToNext());
    cursor.close();
}
}
```

任务演练——创建学生信息数据库和数据库操作类

（1）创建项目，将布局的背景设置为 bg2.jpg。定义一个 DBHelper 类，继承自 SQLiteOpenHelper 类，用于创建和更新 SQLite 数据库。其中：CREATE_TABLE_STUDENT 字符串定义了一个 SQL 语句，用于创建名为 t_student 的数据表，该表包括 4 个字段，分别是 _id、name、classmate、age。DROP_TABLE_STUDENT 字符串定义了一个 SQL 语句，用于删除名为 t_student 的数据表。DBHelper 类的构造方法用于创建 DBHelper 类的实例，接收一个 Context 类型的参数，用于访问应用程序的资源。onCreate() 方法会在数据库第一次被创建时被自动调用，用于执行 SQL 语句创建 t_student 数据表。onUpgrade() 方法会在数据库版本升级时被自动调用，用于执行 SQL 语句删除旧的 t_student 数据表，然后执行 onCreate() 方法以创建新的 t_student 数据表。代码如下：

```
public class DBHelper extends SQLiteOpenHelper {
    // 创建表的 SQL 字符串
```

```
    private final static String CREATE_TABLE_STUDENT="create table t_
student(" + "_id integer primary key autoincrement, " + "name varchar(20),
classmate varchar(30), age integer)";
    // 删除表的 SQL 字符串
    private final static String DROP_TABLE_STUDENT="drop table if exists t_
student";
    // 构造方法
    public DBHelper(@Nullable Context context) {
        super(context, "student.db", null, 1);
    }
    // 数据库第一次被创建时自动调用
    @Override
    public void onCreate(SQLiteDatabase db) {
        db.execSQL(DBHelper.CREATE_TABLE_STUDENT);
    }
    // 当数据库版本号增加时被自动调用
    @Override
    public void onUpgrade(SQLiteDatabase db, int oldVersion, int
newVersion) {
        db.execSQL(DBHelper.DROP_TABLE_STUDENT);
        onCreate(db);
    }
}
```

（2）创建实体类，与数据库字段一一对应。代码如下：

```
public class Student implements Serializable {
    private int _id;
    private String name;
    private String classmate;
    private int age;
    public Student() {
    }
    public Student(String name, String classmate, int age) {
        this.name=name;
```

```
        this.classmate=classmate;
        this.age=age;
    }
    //省略getter和setter方法
}
```

（3）再定义一个StudentDao类，用于操作t_student数据表。其中：DBHelper类的实例dbHelper被定义为StudentDao类的一个成员变量。StudentDao类的构造方法接收一个Context类型的参数，用于创建DBHelper类的实例dbHelper。在该构造方法中，通过传入的Context类型参数创建了一个DBHelper类的实例dbHelper，用于操作t_student数据表，代码如下：

```
public class StudentDao {
    private DBHelper dbHelper;
    public StudentDao(Context context) {
        dbHelper=new DBHelper(context);
    }
}
```

（4）定义StudentDao类的insert()方法，用于向t_student数据表中插入一条记录。其中：首先通过dbHelper变量获取一个可写的数据库实例db；然后使用ContentValues类封装要插入的数据，将name、classmate、age这3个字段的值分别存入values变量中，调用db.insert()方法，将values中的数据插入t_student数据表中；最后关闭数据库。注释中还提供了第二种写法，即使用db.execSQL()方法直接执行SQL语句插入数据，不过这种方法需要手动拼接SQL语句，相对不太安全，容易受到SQL注入攻击。因此，使用ContentValues类封装数据并调用db.insert()方法是更为安全和推荐的方式，代码如下：

```
public void insert(String name, String classmate, int age) {
    // 打开数据库
    SQLiteDatabase db=dbHelper.getWritableDatabase();
    // 第一种写法
    // 封装数据
    ContentValues values=new ContentValues();
    values.put("name", name);
    values.put("classmate", classmate);
    values.put("age", age);
    // 执行语句
```

```
        db.insert("t_student", null, values);

        // 第二种写法
        // String sql="insert into t_student(name, classmate, age) values(?,?,?)";
        // db.execSQL(sql, new String[]{name, classmate, String.valueOf(age)});
        // 关闭数据库
        db.close();
    }
```

（5）定义 StudentDao 类的 update() 方法，用于更新 t_student 数据表中的一条记录。首先通过 dbHelper 变量获取一个可写的数据库实例 db，然后使用 ContentValues 类封装要更新的数据，将 name、classmate、age 这 3 个字段的值分别存入 values 变量中，调用 db.update() 方法，将 values 中的数据更新到 t_student 数据表中，其中第三个参数是更新条件，这里使用了占位符 ?，会被第四个参数 new String[]{"1"} 中的值替换掉，最后关闭数据库。代码如下：

```
    public void update(String name, String classmate, int age) {
        // 打开数据库
        SQLiteDatabase db=dbHelper.getWritableDatabase();
        // 第一种写法
        // 封装数据
        ContentValues values=new ContentValues();
        values.put("name", name);
        values.put("classmate", classmate);
        values.put("age", age);
        // 执行语句
        db.update("t_student", values, "_id=?", new String[]{"1"});
        // 第二种写法
        // String sql="update student set name=?, classmate=?, age=? where _id=?";
        // db.execSQL(sql, new String[]{student.getName(), student.getClassmate(),
        // String.valueOf(student.getAge()), String.valueOf(student.get_id())});
        // 关闭数据库
        db.close();
    }
```

（6）定义 StudentDao 类的 delete() 方法，用于删除 t_student 数据表中的一条记录。首先通过 dbHelper 变量获取一个可写的数据库实例 db，然后调用 db.delete() 方法，将 _id 字段等于传入参数 _id 的记录从 t_student 数据表中删除，最后关闭数据库。代码如下：

```
public void delete(int _id) {
    SQLiteDatabase db=dbHelper.getWritableDatabase();
    db.delete("t_student", "_id=?", new String[]{String.valueOf(_id)});
    // String sql="delete from student where _id=?";
    // db.execSQL(sql, new String[]{String.valueOf(_id)});
    db.close();
}
```

（7）定义 StudentDao 类的 selectAll() 方法，用于查询 t_student 数据表中的所有记录。首先，创建一个空的 List<Student> 对象 students，用于存储查询结果。然后通过 dbHelper 变量获取一个可读的数据库实例 db。调用 db.query() 方法查询 t_student 数据表中的所有记录，其中第一个参数是表名，第二个参数是需要查询的字段（这里传入 null 表示查询所有字段），后面的参数分别是查询条件、查询条件中占位符的内容、分组方式、筛选条件和排序方式，这里全部设置为 null。将查询结果转为 List<Student>，遍历 Cursor 对象 cursor 中的每一行记录，提取 name、classmate、age 和 _id 这 4 个字段的值，并将其封装成一个 Student 对象加入 students 列表中。最后关闭 Cursor 和数据库，并返回 students 列表。代码如下：

```
public List<Student> selectAll() {
    List<Student> students=new ArrayList<>();
    // 打开数据库
    SQLiteDatabase db=dbHelper.getReadableDatabase();
    // select ... from table where ... grougby ... having ... order by ...
    // 查询
     Cursor cursor=db.query("t_student", null, null, null, null, null,
null);
    // 将查询结果转为 List<Student>
    while(cursor.moveToNext()) {
            Student student=new Student(cursor.getString(cursor.getColumnIndex
("name")),cursor.getString(cursor.getColumnIndex("classmate")),cursor.getInt
(cursor.getColumnIndex("age")));
```

```
            student.set_id(cursor.getInt(cursor.getColumnIndex("_id")));
            students.add(student);
        }
        // 关闭数据库
        cursor.close();
        db.close();
        // 返回结果
        return students;
    }
```

任务拓展——实现学生信息管理业务逻辑

微课视频

1. 学生信息管理主界面初始化

（1）创建一个 StudentDao 对象 dao，用于操作数据库。调用 dao.selectAll() 方法获取数据库中的所有记录，将其存储在 List<Student> 对象 datas 中。调用 initView() 方法，初始化界面布局和组件。代码如下：

```
    private List<Student> datas;
    private StudentDao dao;
    private Student currentStudent;
    private StudentAdapter adapter;
    @Override
    protected void onCreate(Bundle savedInstanceState) {
        super.onCreate(savedInstanceState);
        setContentView(R.layout.activity_task09_add_user);
        // 获取数据库的数据
        dao=new StudentDao(this);
        datas=dao.selectAll();
        // 初始化组件
        initView();
    }
```

（2）定义一个 initView() 方法，用于初始化界面组件。通过使用 findViewById() 方法获取 3 个按钮组件 btnAdd、btnUpdate 和 btnDelete。为 3 个按钮设置点击事件监听器，这里将当前 Activity 对象 this 作为监听器。通过使用 findViewById() 方法获取一个 RecyclerView 组件 recyclerView，并设置其布局管理器为线性布局管理器 LinearLayoutManager，设置其动画为默认动画 DefaultItemAnimator。创建一个 StudentAdapter 对象 adapter，并将 datas 列表作为其构造方法的参数。将 adapter 设置为 recyclerView 的适配器，用于显示列表数据。为 adapter 添加一个 OnItemClickListener 监听器，用于监听列表项的点击事件。当用户点击某一项时，将该项对应的 Student 对象赋值给 currentStudent 变量，并在屏幕上显示一个短暂的提示信息。代码如下：

```
private void initView() {
    // 初始化组件
    Button btnAdd=findViewById(R.id.btn_add);
    Button btnUpdate=findViewById(R.id.btn_update);
    Button btnDelete=findViewById(R.id.btn_delete);
    // 设置按钮监听器
    btnAdd.setOnClickListener(this);
    btnUpdate.setOnClickListener(this);
    btnDelete.setOnClickListener(this);
    // RecyclerView 组件的初始化、设置布局管理器和动画
    RecyclerView recyclerView=findViewById(R.id.rv_students);
    recyclerView.setLayoutManager(new LinearLayoutManager(this));
    recyclerView.setItemAnimator(new DefaultItemAnimator());
    // 设置 RecyclerView 组件的 Adapter
    adapter=new StudentAdapter(datas);
    recyclerView.setAdapter(adapter);
    // 为 adapter 添加 item 的点击事件监听器
      adapter.setOnItemClickListener(new StudentAdapter.
OnItemClickListener() {
        @Override
        public void onItemClick(View view, int position) {
            adapter.setSelectedIndex(position);
            currentStudent=datas.get(position);
             Toast.makeText(getApplicationContext(), "第" +(position + 1)
+ "条", Toast.LENGTH_SHORT).show();
        }
```

```
    });
}
```

（3）在点击事件中，首先创建一个 Intent 对象 intent，用于跳转到其他界面。使用 switch 语句判断出用户点击的按钮，并根据不同的情况执行不同的操作。若用户点击了“添加”按钮 btnAdd，则启动 Task09UpdateInfoActivity 界面，并通过 startActivityForResult() 方法启动，请求码为 100。若用户点击了“修改”按钮 btnUpdate，则将当前选中的 Student 对象传递给 Task09UpdateInfoActivity 界面，并通过 startActivityForResult() 方法启动，请求码为 101。若用户点击了“删除”按钮 btnDelete，则弹出一个确认对话框，让用户确认是否删除当前选中的 Student 对象。若用户点击了“确定”按钮，则通过 dao.delete() 方法从数据库中删除该对象，并调用 changeData() 方法刷新数据，然后通过 adapter.notifyDataSetChanged() 方法通知适配器数据发生了变化，需要重新绘制列表。代码如下：

```
@Override
public void onClick(View v) {
       Intent intent=new Intent(getApplicationContext(),
Task09UpdateInfoActivity.class);
    switch(v.getId()) {
        case R.id.btn_add:
            startActivityForResult(intent, 100);
            break;
        case R.id.btn_update:
            // 将选中的 student 传递给 InsertActivity
            Bundle bundle=new Bundle();
            bundle.putSerializable("student", currentStudent); // Student
类需序列化
            intent.putExtra("flag", 1);
            intent.putExtras(bundle);
            startActivityForResult(intent, 101);
            break;
        case R.id.btn_delete:
            new AlertDialog.Builder(this).setTitle("删除").setMessage
("确认删除？")
                    .setPositiveButton("确定",
                            new DialogInterface.OnClickListener() {
```

```
                                        @Override
                                         public void onClick(DialogInterface dialog, int
which) {
                                            // 删除数据
                                            dao.delete(currentStudent.get_id());
                                            dialog.dismiss();
                                            // 刷新 RecyclerView 列表
                                            changeData();
                                            adapter.notifyDataSetChanged();
                                        }
                                    })
                        .setNegativeButton("取消",
                                    new DialogInterface.OnClickListener() {
                                        @Override
                                        public void onClick(DialogInterface dialog, int
which) {
                                            dialog.dismiss();
                                        }
                                    }).show();
                break;
        }
}
```

（4）重载 onActivityResult() 方法，处理其他界面返回的数据。首先判断返回数据的请求码和结果码是否符合预期，即请求码为 100 或 101，且结果码为 RESULT_OK。若符合预期，则调用 changeData() 方法重新装载数据，并通过 adapter.notifyDataSetChanged() 方法通知适配器数据发生了变化，需要重新绘制列表。代码如下：

```
@Override
protected void onActivityResult(int requestCode, int resultCode, Intent
data) {
    super.onActivityResult(requestCode, resultCode, data);
    if((requestCode==100 || requestCode==101) && resultCode==RESULT_OK) {
        // 通过改变 adapter 刷新 RecyclerView 列表
        changeData();
```

```
            adapter.notifyDataSetChanged();
        }
    }
    // 重新装载数据
    private void changeData() {
        datas.clear();
        datas.addAll(dao.selectAll());
    }
```

2. 学生信息填写界面

（1）首先调用 setContentView() 方法设置界面布局为 activity_task09_update_info，然后调用 initView() 方法初始化组件对象，接着判断是否有数据需要加载，即判断传递过来的 Intent 中是否包含 student 数据。若有数据需要加载，则将 isUpdate 标识符设置为 true，并将 etName、etAge 和 spClassmate 组件的值设置为当前 Student 对象的对应属性值。最后，通过遍历 spClassmate 的适配器，找到与当前 Student 对象的 classmate 属性值相等的项，并将该项设置为 spClassmate 的选中项。代码如下：

```
    private EditText etName;
    private EditText etAge;
    private Spinner spClassmate;
    private StudentDao studentDao=new StudentDao(this);
    private Student currentStudent;
    private boolean isUpdate=false; // 添加或更新的标识符
    @Override
    protected void onCreate(@Nullable Bundle savedInstanceState) {
        super.onCreate(savedInstanceState);
        setContentView(R.layout.activity_task09_update_info);
        // 初始化组件对象
        initView();
        // 判断是否有数据需要加载
        Intent intent=getIntent();
        Bundle bundle=intent.getExtras();
        if(bundle!=null) {
            currentStudent=(Student) bundle.get("student");
```

```
        }
        // 组件加载数据
        if(currentStudent!=null) {
            isUpdate=true;
            etName.setText(currentStudent.getName());
            etAge.setText(String.valueOf(currentStudent.getAge()));
            // 设置 Spinner 值
            SpinnerAdapter spinnerAdapter=spClassmate.getAdapter();
            for(int i=0; i < spinnerAdapter.getCount(); i++) {
                if(spinnerAdapter.getItem(i).toString()
                        .equals(currentStudent.getClassmate())) {
                    spClassmate.setSelection(i);
                    break;
                }
            }
        }
    }
```

（2）创建 initView() 方法进行初始化，通过使用 findViewById() 方法获取 etName、etAge、spClassmate、btnConfirm 和 btnCancel 组件的对象。然后，将 btnConfirm 和 btnCancel 组件的点击事件监听器设置为当前 Activity，即该 Activity 实现了 OnClickListener 接口，并重写了 onClick() 方法。在 onClick() 方法中，根据点击的按钮不同，执行不同的操作，代码如下：

```
private void initView() {
    etName=findViewById(R.id.et_name);
    spClassmate=findViewById(R.id.sp_classmate);
    etAge=findViewById(R.id.et_age);
    Button btnConfirm=findViewById(R.id.btn_confirm);
    Button btnCancel=findViewById(R.id.btn_cancel);
    btnConfirm.setOnClickListener(this);
    btnCancel.setOnClickListener(this);
}
```

（3）在点击事件中，通过 switch 语句判断点击的按钮是 btn_confirm 还是 btn_cancel。

若点击的按钮是 btn_confirm，则将输入的数据封装成 Student 对象，并根据 isUpdate 标识符判断是插入数据还是更新数据。若是更新数据，则将 student 的 _id 属性设置为当前 Student 对象的 _id 属性，并调用 studentDao.update() 方法更新数据；否则，调用 studentDao.insert() 方法插入数据。通过调用 setResult() 方法设置返回的结果为 RESULT_OK，并创建一个空的 Intent 对象作为返回数据。然后调用 finish() 方法关闭当前 Activity，返回到前一个 Activity，并在前一个 Activity 中刷新 RecyclerView。代码如下：

```
@Override
public void onClick(View view) {
    switch(view.getId()) {
        case R.id.btn_confirm:
            // 将输入的数据封装成 Student 对象
            Student student=new Student(etName.getText().toString(),
                    spClassmate.getSelectedItem().toString(),
                    Integer.parseInt(etAge.getText().toString()));
            if(isUpdate) {
                // 更新数据
                student.set_id(currentStudent.get_id());
                studentDao.update(student);
            } else {
                // 插入数据
                studentDao.insert(student);
            }
            // 返回 MainActivity，刷新 RecyclerView
            setResult(RESULT_OK, new Intent());
            finish();
            break;
        case R.id.btn_cancel:
            finish();
            break;
    }
}
```

（4）运行程序并查看效果，学生信息管理界面如图 10-1 所示。

图 10-1　学生信息管理界面

任务巩固——实现简易通讯录

通讯录是一种可以存储联系人信息的应用程序，通常包括姓名、电话号码、电子邮件地址等信息。用户可以通过通讯录 App 查找、添加、编辑和删除联系人信息。请利用 SQLite 数据库，实现一个简易版的通讯录应用程序。

任务小结

（1）数据库操作需要在异步线程中进行，避免阻塞主线程。

（2）在使用 SQLiteOpenHelper 创建数据库时，需要注意数据库版本号的更新，以便在数据库结构发生变化时进行升级。

（3）注意对数据的类型、长度、约束条件等进行校验，避免出现数据异常或安全问题。

（4）注意事务处理，避免在多线程环境下数据出现异常或数据丢失。

（5）注意 SQL 注入问题，避免用户输入的数据对数据库造成损害。

（6）注意数据的备份和恢复，以便在数据丢失或损坏时能够快速恢复数据。

任务 11
内容提供者

任务场景

内容提供者 ContentProvider 是 Android 四大组件之一，用于在不同应用程序之间共享数据。其常见的应用场景包括系统数据共享、应用程序数据共享和数据访问控制。通过内容提供者，不同应用程序之间可以共享数据，即使这些应用程序是由不同的开发者开发的。同时，通过设置合适的权限，可以确保只有授权的应用程序才能访问数据，保护用户的隐私和安全。

寄语：纷繁数据迷人眼，信息获取有取舍。数据取舍之道，就是把有意义的保留下来，把无意义的去掉，最终获取价值。面对信息化的浪潮，信息充满随机性，如何在互联网的信息浪潮中有舍有得，值得开发人员思考。

任务目标

（1）理解内容提供者的概念和作用。

（2）掌握创建和使用内容提供者的方法。

（3）熟悉内容提供者中的数据类型、查询参数和权限控制等重要概念。

（4）理解内容提供者的应用场景。

任务准备

微课视频

1. 内容提供者的基本概念

内容提供者是 Android 四大组件之一，它为应用程序提供了一种标准的接口，使得应用程序能够共享数据或使用其他应用程序中的数据。内容提供者可以将数据存储在文件系统、SQLite 数据库、网络等媒介中，并通过 URI（Uniform Resource Identifier，统一资源标识符）方式暴露出来，供其他应用程序读取和写入。

内容提供者的主要作用包括：提供外部访问应用程序内数据的接口、实现多个程序之间的数据共享、保护数据的安全性。

因为内容提供者可以暴露数据给其他应用程序访问，所以必须确保数据的安全性。如果数据需要被其他应用程序访问，就应该仔细地考虑数据的访问权限，并实现相应的限制机制。

在 Android 中，内容提供者需要继承 Android 的 ContentProvider 类，并实现其中的 query()、insert()、update() 和 delete() 方法。这些方法定义了内容提供者的行为和访问规则，决定了外界如何使用这个内容提供者的数据。此外，还需要在 AndroidManifest.xml 文件中声明内容提供者，才能让其他应用程序发现并访问该内容提供者。

2. 内容提供者的工作流程

在 Android 中，内容提供者是一种标准化的方式，允许应用程序共享数据、访问数据或处理数据。当一个应用程序要求访问内容提供者内的数据时，它需要先通过 URI 指定所需数据，并调用相应的方法，然后由内容提供者负责处理和返回这些数据。以下是内容提供者的工作流程。

（1）定义 URI：首先，开发人员需要决定如何组织被内容提供者管理的数据，并为数据分配 URI，URI 是一个唯一标识符，用于表示内容提供者中的数据。URI 由以下三部分组成：

scheme：指定内容提供者的类型，如 content。

authority：指定内容提供者的名称，如 com.example.provider。

path：指定数据的路径，如 content://com.example.provider/users。一旦 URI 定义完成，应用程序就可以使用该 URI 来获取其请求的对象。

（2）声明内容提供者：开发人员需要在 AndroidManifest.xml 文件中声明内容提供者。

（3）实现内容提供者：实际操作内容提供者在本地数据库或远程服务器上存储数据，并且还需要实现与其他应用程序通信的标准 API（Application Programming Interface，应用程序编程接口）。简单来说，就是正确实现 CRUD 操作（create、read、update 和 delete），以便外部应用程序可以按照其需求向内容提供者请求数据。

（4）访问内容提供者：当应用程序需要访问内容提供者的数据时，它会构建 URI 以请求内容提供者服务，并通过调用抽象内容提供者对该 URI 进行查询、插入、更新或删除操作。结果返回给调用者。这里外部应用程序仅能访问已定义的内容提供者公开接口，并且在启动内容提供者服务时，必须确保具备所需数量及类型的权限。

3. 内容提供者的数据访问

要使用内容提供者，用户需要使用 ContentResolver 类。ContentResolver 类是 Android 中的一个重要类，用于访问应用程序的数据，包括联系人、短信、电话记录、音乐、图片、视频等。ContentResolver 提供了一组 API，使应用程序可以查询和修改数据，而不需要了解数据的存储细节。

ContentResolver 作为 Android 中的一个组件，它负责管理应用程序的数据，并提供了一些方法来查询、插入、更新和删除数据。ContentResolver 也可以通过 URI 来访问数据，这里 URI 是一种标识符，用于唯一标识应用程序中的数据。

ContentResolver 还提供了一些方法来监听数据的变化，当数据发生变化时，ContentResolver 会发送通知给应用程序，以便应用程序可以及时更新数据。例如：

```
ContentResolver resolver=getContentResolver();
Cursor cursor=resolver.query(MyContentProvider.CONTENT_URI, null, null,
null, null);
```

在示例中，使用 getContentResolver() 方法获取 ContentResolver 对象，并使用 query() 方法查询数据，使用 MyContentProvider.CONTENT_URI 指定要查询的数据的 URI。

以下是 Android 系统自带的内容提供者的 URI 主要类型。

ContactsContract.Contacts.CONTENT_URI：访问设备联系人的 URI。

MediaStore.Images.Media.EXTERNAL_CONTENT_URI：访问设备上的图像文件的 URI。

Settings.System.CONTENT_URI：访问设备系统设置的 URI。

CallLog.Calls.CONTENT_URI：访问设备通话记录的 URI。

Telephony.Sms.CONTENT_URI：访问设备短信的 URI。

Browser.BOOKMARKS_URI：访问设备浏览器书签的 URI。

UserDictionary.Words.CONTENT_URI：访问设备用户字典的 URI。

CalendarContract.Events.CONTENT_URI：访问设备日历事件的 URI。

4. 内容观察者

内容观察者 ContentObserver 是 Android 系统中的一个重要组件，用于监听数据的变化。当数据发生变化时，内容观察者会收到通知，并执行相应的操作。在 Android 中，数据以 URI 的形式表示，例如，短信数据的 URI 为 Telephony.Sms.CONTENT_URI。

使用内容观察者可以监听数据的变化（短信、通话记录、联系人等数据的变化），在数据变化时执行相应的操作，如更新 UI、发送通知等。使用内容观察者也可以监听系统事件，如屏幕开关、网络状态等。以下是使用内容观察者监听短信数据变化的示例代码：

```
ContentResolver contentResolver=getContentResolver();
contentResolver.registerContentObserver(Telephony.Sms.CONTENT_URI, true,
new ContentObserver(new Handler()) {
    @Override
    public void onChange(boolean selfChange) {
        super.onChange(selfChange);
        // 短信数据发生变化时执行的操作
    }
});
```

上述代码中，首先获取 ContentResolver 对象，然后使用 ContentResolver.registerContent-Observer() 方法注册内容观察者，参数分别为数据的 URI、是否监听子目录、内容观察者对象。在内容观察者对象的 onChange() 方法中，可以执行短信数据变化时需要执行的操作。

任务演练——制作短信读取应用程序

微课视频

（1）创建项目，在 AndroidManifest.xml 文件中添加短信读取权限。

```
<uses-permission android:name="android.permission.READ_SMS" />
```

（2）在 onCreate() 方法中，通过 findViewById() 方法获取 ListView 组件，并将其赋值给 msgView。接着创建一个 ArrayAdapter 对象，并将其绑定到 ListView 组件上。使用 ContextCompat.checkSelfPermission() 方法检查是否已经获取了读取短信的权限。若没有获取权限，则使用 ActivityCompat.requestPermissions() 方法请求权限。请求权限时需要传入一个 requestCode，用于在 onRequestPermissionsResult() 方法中处理权限请求的结果。若已经获取了权限，则调用 readSMS() 方法读取短信数据。代码如下：

```
List<String> msgList=new ArrayList<String>();
ArrayAdapter<String> adapter=null;
ListView msgView;
@Override
protected void onCreate(Bundle savedInstanceState) {
    super.onCreate(savedInstanceState);
    setContentView(R.layout.activity_task10_read_message);
    msgView=findViewById(R.id.msg_list);
```

```
    adapter=new ArrayAdapter<String>(this,android.R.layout.simple_list_
item_1,msgList);
    msgView.setAdapter(adapter);
    if(ContextCompat.checkSelfPermission(this
            , Manifest.permission.READ_SMS)!= PackageManager.PERMISSION_
GRANTED){
        ActivityCompat.requestPermissions(this
                ,new String[]{"android.permission.READ_SMS"}
                ,1);
    }
    else{
        readSMS();
    }
}
```

（3）当用户响应权限请求时，系统会调用 onRequestPermissionsResult() 方法。在该方法中，首先判断 requestCode 是否为 1，即之前请求权限时传入的 requestCode。然后遍历 permissions 和 grantResults 数组，判断是否已经获取了读取短信的权限。若已经获取了权限，则调用 readSMS() 方法读取短信数据。若用户拒绝了权限请求，则弹出一个 Toast 提示用户，代码如下：

```
@Override
public void onRequestPermissionsResult(int requestCode,  String[]
permissions,  int[] grantResults) {
    super.onRequestPermissionsResult(requestCode, permissions,
grantResults);
    if(requestCode==1) {
        for(int i=0; i<permissions.length; i++) {
                if(permissions[i].equals("android.permission.READ_SMS") &&
grantResults[i]==PackageManager.PERMISSION_GRANTED) {
                readSMS();
            }
            else {
                Toast.makeText(this,"已拒绝！",Toast.LENGTH_LONG).show();
            }
```

```
            }
        }
    }
```

（4）在 readSMS() 方法中，首先获取 ContentResolver 对象。然后使用 ContentResolver.query() 方法查询短信数据库，返回一个 Cursor 对象。接着遍历 Cursor 对象，获取每条短信的 ID、地址和内容，并将其添加到 msgList 中。最后调用 adapter.notifyDataSetChanged() 方法刷新 ListView，并关闭 Cursor 对象，代码如下：

```
private void readSMS(){
    ContentResolver contentResolver=getContentResolver();
      Cursor cursor=contentResolver.query(Telephony.Sms.CONTENT_
URI,null,null,null,null);
    while(cursor.moveToNext()) {
        String id=cursor.getString(cursor.getColumnIndex(Telephony.Sms._ID));
        String addr=cursor.getString(cursor.getColumnIndex(Telephony.Sms.ADDRESS));
        String body=cursor.getString(cursor.getColumnIndex(Telephony.Sms.BODY));
        msgList.add(id+"\n"+addr+"\n"+body);
    }
    adapter.notifyDataSetChanged();
    cursor.close();
}
```

（5）短信获取界面如图 11-1 所示。

图 11-1　短信获取界面

任务拓展——实现自动获取短信验证码

微课视频

（1）创建项目，参考任务 3 中的注册界面，完成界面设计，用户注册界面如图 11-2 所示。

图 11-2　用户注册界面

（2）创建一个继承 CountDownTimer 的自定义倒计时类 myCountDownTimer。这个类的作用是在按钮上实现倒计时功能，常用于短信验证码的发送等场景。构造方法中传入了一个 Button 组件和倒计时的时间间隔，用于初始化倒计时器。每隔一段时间会回调 onTick() 方法，用于更新倒计时的文本和状态。在这个方法中，首先将按钮设置为不可点击状态，然后将文本更新为倒计时的秒数。倒计时结束后会回调 onFinish() 方法，用于将按钮设置为可点击状态，并将文本更新为“获取验证码”。代码如下：

```
public class myCountDownTimer extends CountDownTimer {
    private Button codeBtn;
    public myCountDownTimer(Button btn,long millisInFuture, long
countDownInterval) {
        super(millisInFuture, countDownInterval);
        codeBtn=btn;
    }
    @Override
    public void onTick(long l) {
        codeBtn.setClickable(false);
```

```
        codeBtn.setText(l/1000+" 秒后重新发送 ");
    }
    @Override
    public void onFinish() {
        codeBtn.setClickable(true);
        codeBtn.setText(" 获取验证码 ");

    }
}
```

（3）定义一个短信观察者类 SmsObserver，用于监听收件箱中的短信，并提取其中的验证码。在构造方法中传入了一个 Context 和一个 Handler，用于初始化观察者。当收件箱中有新短信时，会回调 onChange() 方法。首先判断短信的 URI 是否为“content://sms/raw”，若是则直接返回。否则，通过 Uri.parse() 方法将短信的 URI 解析为 URI 对象，并查询收件箱中的短信。在查询结果中，按照日期倒序排序，然后获取第一条短信的发件人号码和短信内容。接着，利用正则表达式提取短信内容中的验证码，并将提取到的验证码通过 Handler 发送给主线程处理。代码如下：

```
public class SmsObserver extends ContentObserver {
    Context mContext;
    Handler mHandler;
    public SmsObserver(Context context, Handler handler) {
        super(handler);
        mContext=context;
        mHandler=handler;
    }
    @Override
    public void onChange(boolean selfChange, @Nullable Uri uri) {
        super.onChange(selfChange, uri);
        if(uri.toString().equals("content://sms/raw")) {
            return;
        } else {
            Uri inboxUri=Uri.parse("content://sms/inbox");
            // 按照日期倒序排序
```

```
            Cursor cursor=mContext.getContentResolver().query(inboxUri, null,
null, null, "date desc");
            if(cursor!=null) {
                if(cursor.moveToFirst()) {//游标移动到first位置
                    //发件人的号码
                    String address=cursor.getString(Math.max(cursor.
getColumnIndex(Telephony.Sms.ADDRESS),0));
                    //短信内容
                    String body=cursor.getString(Math.max(cursor.getColumnIndex
(Telephony.Sms.BODY),0));
                    //利用正则表达式提取验证码（根据实际情况修改）
                    Pattern pattern=Pattern.compile("(\\d{6})");//提取6位数字
                    Matcher matcher=pattern.matcher(body);//进行匹配
                    if(matcher.find()) {//匹配成功
                        String code=matcher.group(0);
                        Message msg=mHandler.obtainMessage(1, code);
                        mHandler.sendMessage(msg);
                    }
                }
                cursor.close();
            }
        }
    }
}
```

（4）获取验证码输入框和“获取验证码”按钮的实例，以及创建一个 myCountDownTimer 对象用于实现倒计时功能。代码如下：

```
validCodeView=findViewById(R.id.editTextNumber);
CodeBtn=findViewById(R.id.button_scale);
myCountDownTimer timer=new myCountDownTimer(CodeBtn,60000,1000);
```

（5）设置“获取验证码”按钮的点击事件，当按钮被点击时，启动倒计时器。代码如下：

```
CodeBtn.setOnClickListener(new View.OnClickListener() {
```

```
        @Override
        public void onClick(View view) {
            timer.start();
        }
    });
```

（6）创建一个 SmsObserver 对象，并判断是否有读取短信的权限。若没有权限，则通过 ActivityCompat.requestPermissions() 方法请求权限；否则，通过 getContentResolver().registerContentObserver() 方法注册短信 URI 的监听，以便在收到短信时提取其中的验证码。代码如下：

```
mSmsObserver=new SmsObserver(this, mHandler);
if(ContextCompat.checkSelfPermission(this, Manifest.permission.READ_
SMS)!=PackageManager.PERMISSION_GRANTED){
     ActivityCompat.requestPermissions(this,new String[]{"android.
permission.READ_SMS"},1);
}
else{
    Uri smsUri=Uri.parse("content://sms");
      getContentResolver().registerContentObserver(smsUri, true,
mSmsObserver);// 注册短信 URI 的监听
}
```

（7）在 handleMessage() 方法中，当接收到 SmsObserver 发送的消息时，会将消息中的验证码设置到 EditText 中进行显示。代码如下：

```
@Override
public void handleMessage(Message msg) {
    super.handleMessage(msg);
    if(msg.what==1) {
        String code=(String) msg.obj;
        validCodeView.setText(code);
    }
}
```

（8）重写 onRequestPermissionsResult() 方法，当用户授权或拒绝请求时，会触发该方法。其中，requestCode 表示请求的标识码，permissions 和 grantResults 分别表示请求的权限和对应的授权结果。在该方法中，首先判断 requestCode 是否为 1，即判断是否获取了读取短信的权限。然后，遍历 permissions 和 grantResults 数组，如果找到了读取短信权限并且授权结果为授权，就通过 getContentResolver().registerContentObserver() 方法注册短信 URI 的监听；否则，弹出一个提示框告知用户已拒绝权限请求。代码如下：

```
@Override
public void onRequestPermissionsResult(int requestCode,  String[]
permissions, int[] grantResults) {
    super.onRequestPermissionsResult(requestCode, permissions, grantResults);
    if(requestCode==1) {
        for(int i=0; i < permissions.length; i++) {
            if(permissions[i].equals("android.permission.READ_SMS") &&
grantResults[i]==PackageManager.PERMISSION_GRANTED) {
                Uri smsUri=Uri.parse("content://sms");
                     getContentResolver().registerContentObserver(smsUri,
true, mSmsObserver);// 注册短信 URI 的监听
            }
            else {
                Toast.makeText(this,"已拒绝！ ",Toast.LENGTH_LONG).show();
            }
        }
    }
}
```

（9）验证码获取效果如图 11-3 所示。

图 11-3　验证码获取效果

任务巩固——制作联系人读取应用程序

联系人读取应用程序是一种方便用户管理联系人的应用程序，通常包含存储、编辑、搜索和共享联系人的功能。联系人读取应用程序不仅可以存储联系人信息，还可以提供更多的附加功能，如社交媒体整合、短信收发、语音备忘录、日历提醒等。在选择联系人读取应用程序时，用户应该考虑其界面设计、功能多样性、数据安全性和平台适应性等方面。请参考短信读取应用程序，设计联系人读取应用程序，如图 11-4 所示。

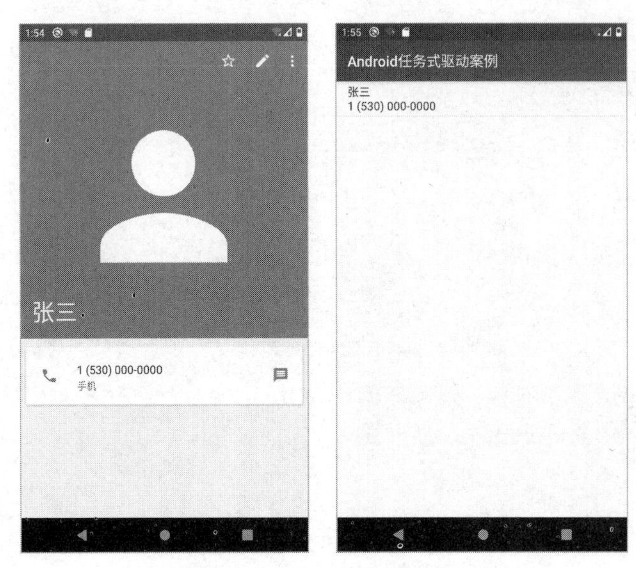

图 11-4　联系人读取应用程序

任务小结

（1）在访问其他应用程序的数据时，需要在 AndroidManifest.xml 文件中声明相应的权限。如果没有相应的权限，将会抛出 SecurityException 异常。

（2）在使用内容提供者时，需要注意 URI 匹配的问题。URI 是用来唯一标识内容提供者中的数据的，如果 URI 不正确，将会返回 null 或抛出异常。可以使用 UriMatcher 类来实现 URI 匹配。

（3）在使用观察者时，需要注意观察者的生命周期问题。如果观察者没有被正确释放，将会导致内存泄漏。可以在 Activity 或 Fragment 的 onDestroy() 方法中注销观察者。

（4）在使用内容提供者和观察者时，需要注意数据更新的问题。如果数据更新不及时，将会导致 UI 显示不正确。可以使用 ContentObserver 类来监听数据的更新，并在数据更新时及时更新 UI。

（5）在使用内容提供者和观察者时，需要注意多线程的问题。如果在 UI 线程中访问内容提供者，将会导致 UI 线程阻塞。可以使用 AsyncTask 类或 Handler 类来在后台线程中访问内容提供者，并在访问完成后更新 UI。

任务 12
广播机制

任务场景

Android 广播是一种非常强大和灵活的通信机制，可以用于系统事件通知、应用程序内部通信、系统级别的操作和第三方应用程序集成等场景。但由于广播的发送和接收是全局的，需要注意安全性和性能问题，避免产生不必要的安全漏洞和性能问题。

寄语：广播获取有底线，隐私如金铭在心。广播机制是 Android 中用于不同组件或应用程序之间进行通信的一种机制。开发者在设计广播时，必须遵守国家关于网络安全和个人隐私保护的法律法规，不得滥用广播获取用户隐私数据。

任务目标

（1）理解广播的基本概念和作用。

（2）掌握广播的注册和注销方法。

（3）熟悉广播的 Intent 机制。

（4）熟悉广播的使用场景和应用。

任务准备

微课视频

1. 广播机制简介

Android 的广播机制是指在系统中，应用程序可以发送广播消息，其他应用程序可以注册接收该消息的广播，从而实现应用程序之间的通信。

Android 的广播机制基于消息传递模型，由广播发送者发送一条广播消息，广播接收者可以选择注册接收该消息的广播，当广播发送者发送广播时，所有已注册的广播接收者都会收到该消息。

Android 的广播主要可以分为两种类型：标准广播和有序广播。

标准广播是一种完全异步的广播，广播发送者不需要等待广播接收者的处理结果，广播接收者也无法拦截或修改广播消息。标准广播的优点是速度快。它适用于一些不需要关心接收者的处理结果的场景，如系统事件通知、应用程序内部通信等。

标准广播的发送方式如下：

```
Intent intent=new Intent("com.example.broadcast.TEST_BROADCAST");
sendBroadcast(intent);
```

有序广播是一种同步的广播，广播发送者需要等待广播接收者的处理结果，广播接收者可以按照优先级顺序接收广播消息，并且可以中止广播的传递或修改广播消息。

有序广播的优点是可以保证接收者的有序处理，可以在广播传递过程中对广播进行拦截、修改或取消等操作。它适用于一些需要关心接收者的处理结果的场景，如短信拦截、通知栏消息等。

有序广播的发送方式如下：

```
Intent intent=new Intent("com.example.broadcast.TEST_BROADCAST");
sendOrderedBroadcast(intent, null);
```

在有序广播中，接收者可以通过 setResult() 方法来设置处理结果，这个结果会传递给下一个接收者。如果接收者调用了 abortBroadcast() 方法，那么后续的接收者将不会接收到这个广播。

Android 的广播机制是系统中非常重要的一部分，它可以实现应用程序之间的通信，同时也可以用于系统级别的事件通知和处理。但是，由于广播机制的特殊性质，过度使用广播可能会导致系统性能下降和安全问题。因此，在使用广播时需要注意合理使用和优化。

2. 广播接收者 BroadcastReceiver

广播接收者是 Android 系统中的一种组件，用于接收和处理广播消息。广播接收者可以接收系统广播和自定义广播，通过注册广播接收者，可以实现在不同组件之间传递消息和交互。

广播接收者的实现需要继承 Android 系统提供的 BroadcastReceiver 类，并重写 onReceive() 方法。onReceive() 方法用于接收和处理广播消息，当接收到广播消息时，系统会自动调用 onReceive() 方法，将接收到的广播消息作为参数传递给该方法，开发者可以在该方法中进行相应的处理。

广播接收者可以通过在 AndroidManifest.xml 文件中声明或在代码中动态注册的方式进

行注册。在 AndroidManifest.xml 文件中声明的广播接收者可以接收到全局广播消息，而动态注册的广播接收者只能接收到本地广播消息。

广播接收者的生命周期与发送广播的方式有关，若使用 sendBroadcast() 方法发送广播，则广播接收者的生命周期为 10 秒，若在 10 秒内没有执行完 onReceive() 方法，则会被系统强制终止。若使用 sendOrderedBroadcast() 方法发送广播，则广播接收者的生命周期为 60 秒，可以通过 setResult() 方法设置广播接收者的优先级，优先级高的广播接收者先被执行。

广播接收者的处理时间应尽量短，避免阻塞主线程和消耗过多的系统资源。如果需要进行耗时操作，应该使用 IntentService 或启动一个新的线程进行处理。

以下是广播接收者的具体实现步骤。

（1）创建广播接收者类：在 Android 应用程序中创建一个类，继承自 BroadcastReceiver 类，并重写 onReceive() 方法。onReceive() 方法用于接收和处理广播消息，当接收到广播消息时，系统会自动调用 onReceive() 方法，将接收到的广播消息作为参数传递给该方法，开发者可以在该方法中进行相应的处理。

（2）注册广播接收者：在 Android 应用程序中注册广播接收者。

（3）定义广播类型：在 Android 应用程序中定义广播类型。可以使用 Intent 对象创建要发送的广播消息，并指定广播类型。

（4）发送广播：通过 sendBroadcast() 或 sendOrderedBroadcast() 方法发送广播消息，系统会自动将广播消息发送给注册了对应广播类型的广播接收者。

（5）处理广播：广播接收者根据广播类型和内容进行相应的处理，如更新 UI、启动服务、发送通知等。

（6）取消注册广播接收者：当不再需要接收某个广播类型的消息时，需要取消注册对应的广播接收者，避免资源浪费。

任务演练——制作飞行模式广播接收程序

微课视频

（1）创建广播接收者类，继承自 BroadcastReceiver 类，并重写 onReceive() 方法，当接收到广播时，onReceive() 方法会被调用。

（2）在 onReceive() 方法中，创建一个字符串变量 action，通过调用 getAction() 方法获取接收到的广播类型，并将其赋值给 action 变量。代码如下：

```
String action=intent.getAction();
```

（3）如果接收到的广播类型是屏幕锁屏和解锁广播，可以根据广播类型打印相应的日志信息。例如，在屏幕锁屏时打印一条日志信息：

```
if(action.equals(Intent.ACTION_SCREEN_OFF)) {
    Log.i("myapp", "屏幕锁屏了");
}
```

（4）如果接收到的广播类型是屏幕解锁广播，可以根据广播类型打印相应的日志信息，例如：

```
else if(action.equals(Intent.ACTION_SCREEN_ON)) {
    Log.i("myapp", "屏幕解锁了");
}
```

（5）判断接收到的广播类型是否为飞行模式开关广播，若是，则通过调用 Intent 的 getBooleanExtra() 方法获取飞行模式的状态，并将其赋值给 airState 变量。然后，根据飞行模式的状态弹出相应的 Toast 提示信息。代码如下：

```
else if(action.equals(Intent.ACTION_AIRPLANE_MODE_CHANGED)) {
    Boolean airState=intent.getBooleanExtra("state", false);
    if(airState) {
        Toast.makeText(context, "飞行模式已打开", Toast.LENGTH_LONG).show();
    } else {
        Toast.makeText(context, "飞行模式已关闭", Toast.LENGTH_LONG).show();
    }
}
```

（6）在 Activity 的 onCreate() 方法中创建一个 ScreenRecevier 对象，并创建一个 IntentFilter 对象，指定接收飞行模式开关广播。然后，通过调用 registerReceiver() 方法将 ScreenRecevier 对象注册到系统中，以便接收指定的广播类型。代码如下：

```
@Override
protected void onCreate(Bundle savedInstanceState) {
    super.onCreate(savedInstanceState);
    setContentView(R.layout.activity_task11_network_state);
    ScreenRecevier recevier=new ScreenRecevier();
    IntentFilter filter=new IntentFilter();
    filter.addAction(Intent.ACTION_AIRPLANE_MODE_CHANGED);
    registerReceiver(recevier,filter);
}
```

（7）运行程序并查看效果，网络状态检测界面如图 12-1 所示。

图 12-1　网络状态检测界面

微课视频

任务拓展——制作电量广播接收程序

（1）通过调用 findViewById() 方法获取布局文件中的 TextView 组件，并将其赋值给变量 batteryInfoView。代码如下：

```
TextView batteryInfoView=findViewById(R.id.battery_value);
```

（2）创建一个 BroadcastReceiver 对象 receiver，并重写其 onReceive() 方法。在 onReceive() 方法中，首先通过调用 Intent 的 getAction() 方法获取接收到的广播类型，若是电池状态改变广播，则获取电池的电量信息，并将其显示在 TextView 组件中。代码如下：

```
BroadcastReceiver receiver=new BroadcastReceiver() {
    @Override
    public void onReceive(Context context, Intent intent) {
        String action=intent.getAction();
        if(action.equals(Intent.ACTION_BATTERY_CHANGED))
        {
            int level=intent.getIntExtra("level",0);
            int scale=intent.getIntExtra("scale",100);
             batteryInfoView.setText("当前电池的电量为："+(level*100/scale)+
"%");
```

```
            }
        }
    };
```

（3）创建 IntentFilter 对象 filter，并指定所要接收的广播类型为 Intent.ACTION_BATTERY_CHANGED。这是一个系统广播，用于在电池状态改变时发送广播。代码如下：

```
IntentFilter filter=new IntentFilter(Intent.ACTION_BATTERY_CHANGED);
```

（4）通过调用 registerReceiver() 方法将 receiver 对象注册到系统中，以便接收电池状态变更的广播类型。代码如下：

```
registerReceiver(receiver,filter);
```

（5）运行程序，电量显示界面如图 12-2 所示。

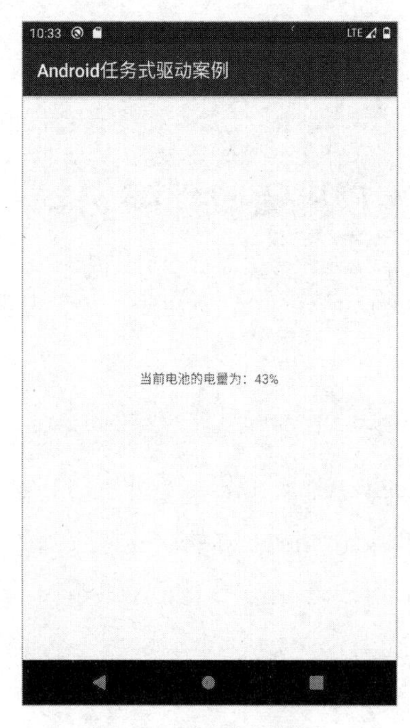

图 12-2　电量显示界面

任务巩固——发送有序广播

有序广播可以通过 setPriority() 方法设置优先级，优先级越高的越早能接收到广播。若在广播接收者中调用了 abortBroadcast() 方法，则这个广播被截断不会再被其他广播接收者接收到。请自行实现一个有序广播案例，广播发送界面如图 12-3 所示。

图 12-3　广播发送界面

任务小结

（1）在使用广播接收者时，需要在合适的时机注册和取消注册。注册广播接收者可以在 Activity 或 Service 的 onCreate() 方法中进行，而取消注册则可以在 onDestroy() 方法中进行。如果不及时取消注册，可能会导致内存泄漏。

（2）在注册广播接收者时，需要指定所要接收的广播类型。如果接收的广播类型不正确，将无法接收到广播。

（3）在注册广播接收者时，可以指定广播接收者的优先级。如果有多个广播接收者同时接收同一种广播，系统会根据广播接收者的优先级进行调度。优先级较高的广播接收者会先接收到广播。

（4）如果广播是有序的，那么接收方会按照指定的顺序接收到广播。如果广播是无序的，那么接收方的接收顺序是不确定的。

（5）广播是一种全局的通知机制，如果使用不当，可能会导致系统性能下降、电量消耗增加等问题。因此，在使用广播时，需要慎重考虑广播的类型和频率，避免滥用。

任务 13
网络访问

任务场景

在 Android 应用中，网络访问是一个常见需求，用于多种场景，例如，数据同步更新本地内容；用户认证进行登录操作；内容（如音乐和视频）下载；软件更新检查和安装新版本；远程服务调用（如获取天气或地图数据）；社交互动（包括消息发送和图片共享）；实时数据获取（如新闻资讯或体育比分）；数据备份和恢复到云端；位置服务提供导航和跟踪；支付和交易处理；以及接收服务器推送的通知。为了实现这些功能，开发者需要在应用中声明网络权限，使用合适的 HTTP 客户端库进行网络请求，并确保这些操作在后台线程中执行以保持应用界面的流畅性。

寄语：山登绝顶我为峰，海到无边天作岸。智能技术已经进入人们的日常生活，应用开发者深入研究智能算法或智能方案会花费大量时间精力。互联网三巨头 BAT（Baidu、Alibaba、Tencent，即百度、阿里巴巴、腾讯）都提供了相关的智能接口，便于应用开发者实现智能应用的开发，让开发者站在巨人肩膀上看世界。

任务目标

（1）Android 多线程编程。

（2）WebView 组件的使用。

（3）OkHttp 通信框架的使用。

任务准备

微课视频

1. Android 多线程

在 Android 开发中，多线程是非常重要的，可以提高应用程序的响应速度和性能。在

Android 中，多线程是指在同一时间内，有多个线程在执行不同的任务。

线程是程序执行的最小单位，一个进程中可以包含多个线程，每个线程独立执行不同的任务。进程是操作系统中的一个概念，表示正在运行的程序。

主线程是 Android 应用程序中默认的线程，用于处理 UI 事件和更新 UI。主线程也被称为 UI 线程，不能在主线程中执行耗时操作，否则会导致 UI 卡顿或 ANR（Application Not Responding，应用程序响应不够灵敏时，系统会向用户显示的一个对话框）。子线程是在主线程之外创建的线程，用于执行耗时操作，如网络请求、文件读写、计算等。子线程不能直接更新 UI，需要使用 Handler 或 runOnUiThread() 方法在主线程中更新 UI。

线程中还有同步和异步两种类型。同步是指多个线程按照一定的顺序执行，避免出现竞争和死锁的问题。可以使用 synchronized 关键字或 Lock 对象来实现同步。异步是指多个线程独立执行，不按照一定的顺序执行，可以提高应用程序的响应速度和性能。可以使用 AsyncTask、IntentService 或 Handler 等类来实现异步操作。

Android 中多线程的实现方式有以下几种。

（1）使用 Thread 类：可以通过继承 Thread 类或实现 Runnable 接口来创建线程，然后调用 start() 方法启动线程。

（2）使用 AsyncTask 类：AsyncTask 是 Android 提供的一个轻量级的异步任务类，可以在后台执行耗时操作，然后将结果返回到 UI 线程中。AsyncTask 封装了线程的创建和管理，可以方便地进行 UI 操作。

（3）使用 Handler 类：Handler 是 Android 中用于线程间通信的机制，可以将消息发送到消息队列中，然后在目标线程中处理消息。可以使用 Handler.post() 方法将 Runnable 对象发送到消息队列中，然后在目标线程中执行 Runnable 对象的 run() 方法。

（4）使用 IntentService 类：IntentService 是 Android 提供的一种异步任务类，可以在后台执行耗时操作，然后将结果返回到 UI 线程中。IntentService 封装了线程的创建和管理，可以方便地进行 UI 操作。

多线程的使用要避免在主线程中进行耗时操作、避免线程之间的竞争和死锁、避免内存泄漏等。同时，需要根据实际需求选择合适的多线程实现方式。

2. WebView 组件

WebView 是 Android 平台上的一个组件，可以用于在应用程序中显示网页或 HTML（Hyper Text Markup Language，超文本标记语言）内容。通常情况下建议使用标准的 Web 浏览器（如 Chrome）来向用户提供内容，因为 WebView 组件缺少一些浏览器的功能。但是，在需要更多 UI 控制和高级配置选项的情况下，WebView 组件是非常有用的，可以让开发者在应用程序中嵌入 Web 页面并进行特殊设计。WebView 组件的使用方法如下。

（1）在布局文件中添加 WebView 组件：

```
<WebView
    android:id="@+id/webview"
    android:layout_width="match_parent"
    android:layout_height="match_parent" />
```

（2）在 Activity 中获取 WebView 组件的实例：

```
WebView webView=(WebView) findViewById(R.id.webview);
```

（3）加载网页或 HTML 内容（webView.loadUrl("http://www.example.com");），或者使用直接加载 HTML 文本的方式：

```
webView.loadData("<html><body><h1>Hello World!</h1></body></html>",
"text/html", "UTF-8");
```

（4）设置 WebView 的相关属性：

```
// 启用 JavaScript
webView.getSettings().setJavaScriptEnabled(true);
// 设置缓存模式
webView.getSettings().setCacheMode(WebSettings.LOAD_DEFAULT);
// 设置是否支持缩放
webView.getSettings().setSupportZoom(true);
// 设置是否显示缩放工具
webView.getSettings().setBuiltInZoomControls(true);
// 设置是否显示水平滚动条
webView.setHorizontalScrollBarEnabled(false);
// 设置是否显示垂直滚动条
webView.setVerticalScrollBarEnabled(false);
// 处理 WebView 的一些事件:
// 处理页面加载完成事件
webView.setWebViewClient(new WebViewClient() {
    @Override
    public void onPageFinished(WebView view, String url) {
        // 页面加载完成后的操作
    }
```

```
});
// 处理页面跳转事件
webView.setWebViewClient(new WebViewClient() {
    @Override
    public boolean shouldOverrideUrlLoading(WebView view, String url) {
        // 处理页面跳转逻辑
        return true;
    }
});
// 处理页面加载进度事件
webView.setWebChromeClient(new WebChromeClient() {
    @Override
    public void onProgressChanged(WebView view, int newProgress) {
        // 页面加载进度变化时的操作
    }
});
```

WebView 组件可以用于显示网页或 HTML 内容，但也存在一些安全风险，如跨站脚本攻击（Cross Site Scripting，XSS）和恶意网站的风险。开发者需要注意 WebView 组件的安全性，避免在 WebView 中加载不受信任的内容，或者使用 WebView 的一些安全设置来保护应用程序的安全性。

3. OkHttp 基本概念和使用方法

OkHttp 是 Square 公司开发的一款网络框架，其设计和实现的目的就是高效。OkHttp 框架完整地实现了超文本传输协议（Hypertext Transfer Protocol，HTTP），支持的协议有 HTTP/1.1、SPDY、HTTP/2.0。在 Android 4.4 的源码中，HttpURLConnection 已经被替换成 OkHttp。OkHttp 具有以下优势：采用连接池技术，减少请求延迟；默认使用 GZIP 数据压缩格式，减小传输内容的大小；采用缓存避免重复的网络请求；支持 SPDY、HTTP/2.0，对于同一主机的请求可共享同一 Socket 连接；若 SPDY 或 HTTP/2.0 不可用，还会采用连接池提高连接效率；网络出现问题会自动重连（尝试连接同一主机的多个 ip 地址）；使用 okio 库简化数据的访问和存储。

OkHttp 的基本使用方法如下。

（1）添加依赖。在项目的 build.gradle 文件中添加以下依赖：

```
dependencies {
```

```
    implementation 'com.squareup.okhttp3:okhttp:4.9.1'
}
```

（2）创建 OkHttpClient 实例和 Request 对象，代码如下：

```
OkHttpClient client=new OkHttpClient();
Request request=new Request.Builder()
    .url("http://www.example.com")
    .build();
```

（3）发送请求并获取响应，代码如下：

```
try(Response response=client.newCall(request).execute()) {
    if(!response.isSuccessful()) {
        throw new IOException("Unexpected code " + response);
    }
    String responseBody=response.body().string();
    // 处理响应结果
}
```

OkHttp 的请求和响应都是在子线程中进行的，如果要在主线程中更新 UI，需要使用 Handler 或其他线程切换工具。

4. JSON 数据简介

JSON（JavaScript Object Notation，JS 键值对数据）是一种轻量级的数据交换格式，常用于 Web 应用程序中的数据传输。在 Android 中，可以使用 JSON 格式来传递数据，同时也可以使用 JSON 解析库来解析 JSON 数据。

JSON 数据格式由两种结构组成：键值对和数组。键值对表示一个属性和它的值，用冒号分隔，多个键值对用逗号分隔，最外层用大括号包裹。例如：

```
{
    "name": " 张三 ",
    "age": 20,
    "gender": " 男 "
}
```

数组表示一组值，用中括号包裹，多个值用逗号分隔。例如：

```
 [
```

```
    {
        "name": " 张三 ",
        "age": 20,
        "gender": " 男 "
    },
    {
        "name": " 李四 ",
        "age": 22,
        "gender": " 女 "
    }
]
```

Android 中常用的 JSON 解析库有 3 种：Gson、Jackson 和 FastJson。使用 Gson 解析 JSON 数据时，Java 对象的属性名必须和 JSON 数据中的键名一致，否则需要使用 @SerializedName 注解来指定属性名。同时，Gson 还提供了其他一些高级功能，如自定义序列化和反序列化逻辑、支持泛型、处理循环引用等，可以根据实际需求进行配置和使用。

以下是使用 Gson 库解析 JSON 数据的步骤。

（1）添加依赖。在项目的 build.gradle 文件中添加以下依赖：

```
dependencies {
    implementation 'com.google.code.gson:gson:2.8.7'
}
```

（2）创建 Gson 对象

```
Gson gson=new Gson();
```

（3）解析 JSON 数据

将 JSON 数据转换成 Java 对象，例如：

```
String jsonStr="{\"name\":\" 张三 \",\"age\":20,\"gender\":\" 男 \"}";
Person person=gson.fromJson(jsonStr, Person.class);
```

将 JSON 数组转换成 Java 对象列表，例如：

```
String jsonStr="[{\"name\":\" 张 三 \",\"age\":20,\"gender\":\" 男
\"},{\"name\":\" 李四 \",\"age\":22,\"gender\":\" 女 \"}]";
Type type=new TypeToken<List<Person>>(){}.getType();
List<Person> personList=gson.fromJson(jsonStr, type);
```

任务演练——制作简易浏览器

（1）创建项目，在界面中添加一个 WebView 组件。

（2）添加网络访问权限；

```
<uses-permission android:name="android.permission.INTERNET" />
```

（3）如果应用针对的是 Android 9（API 级别 28）或更高版本，并且没有在网络安全配置中为 WebView 加载的域名设置明确的规则，那么需要设置网络安全配置来允许明文流量或信任特定的证书，创建 XML 文件 res/xml/network_security_config.xml，并且在 AndroidManifest.xml 中引用配置 android:networkSecurityConfig="@xml/network_security_config"，配置代码如下：

```
<network-security-config>
    <domain-config cleartextTrafficPermitted="true">
        <domain includeSubdomains="true">yourdomain.com</domain>
    </domain-config>
</network-security-config>
```

（4）通过调用 findViewById() 方法获取布局文件中的 WebView 组件，并调用 loadUrl() 方法加载指定的网页。代码如下：

```
WebView webView=findViewById(R.id.web_view);
webView.loadUrl("https://www.baidu.com/");
```

（5）通过调用 WebView 的 setWebViewClient() 方法设置 WebViewClient 对象。创建一个 WebViewClient 对象，并重写其中的 shouldOverrideUrlLoading() 方法。

WebView 需要加载一个 URL 时，系统会调用 shouldOverrideUrlLoading() 方法。在这个方法中，可以拦截 URL 请求，判断 URL 是否以“content://”开头。如果 URL 以“content://”开头，那么将其替换为“https://”，然后调用 WebView 的 loadUrl() 方法加载重定向后的 URL。若 URL 不以“content://”开头，则直接在本界面的 WebView 中打开链接。最后，需要返回 false，表示不拦截此 URL 请求。若返回 true，则表示拦截此 URL 请求，WebView 将不会加载该 URL。代码如下：

```
webView.setWebViewClient(new WebViewClient() {
    @Override
      public boolean shouldOverrideUrlLoading(WebView view,
WebResourceRequest request) {
```

```
            String url=request.getUrl().toString();
            // 作用 1: 重定向 URL
            if(url.startsWith("content://")) {
                url=url.replace("content://", "https://");
                view.loadUrl(url);
            } else {
                // 作用 2: 在本界面的 WebView 中打开，防止外部浏览器打开此链接
                view.loadUrl(url);
            }
            return false;
        }
    });
```

（6）运行程序并查看效果，简易浏览器如图 13-1 所示。

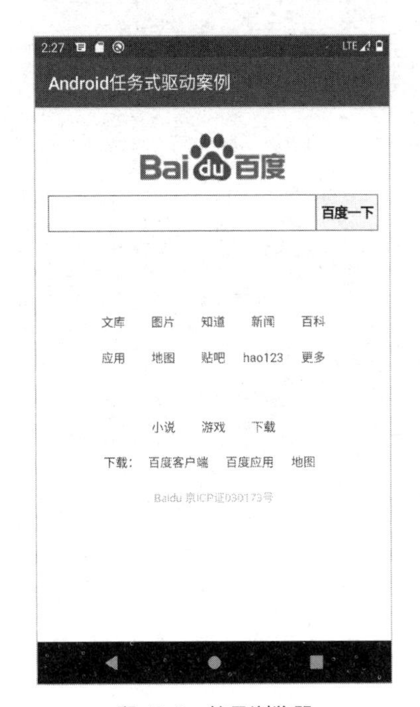

图 13-1　简易浏览器

任务拓展——制作网络版的天气预报

微课视频

1. 搭建天气预报界面基本结构

（1）创建项目，将布局的背景设置为 @drawable/task12_weather_bg，并添加一个滚动视

图 ScrollView，代码如下：

```
<androidx.constraintlayout.widget.ConstraintLayout xmlns:android="http://
schemas.android.com/apk/res/android"
    xmlns:app="http://schemas.android.com/apk/res-auto"
    xmlns:tools="http://schemas.android.com/tools"
    android:layout_width="match_parent"
    android:layout_height="match_parent"
    android:background="@drawable/task12_weather_bg"
    tools:context=".MainActivity">
    <ScrollView
        android:layout_width="0dp"
        android:layout_height="0dp"
        app:layout_constraintBottom_toBottomOf="parent"
        app:layout_constraintEnd_toEndOf="parent"
        app:layout_constraintHorizontal_bias="1.0"
        app:layout_constraintStart_toStartOf="parent"
        app:layout_constraintTop_toTopOf="parent"
        app:layout_constraintVertical_bias="1.0">
        <androidx.constraintlayout.widget.ConstraintLayout
            android:layout_width="match_parent"
            android:layout_height="match_parent">
            <TextView
                android:id="@+id/textView6"
                android:layout_width="wrap_content"
                android:layout_height="wrap_content"
                android:layout_marginStart="8dp"
                android:layout_marginTop="80dp"
                android:layout_marginEnd="8dp"
                android:text="天气预报"
                android:textColor="#ffffff"
                android:textSize="24sp"
                android:textStyle="bold"
                app:layout_constraintEnd_toEndOf="parent"
```

```
            app:layout_constraintStart_toStartOf="parent"
            app:layout_constraintTop_toBottomOf="@+id/split" />
        <ListView
            android:id="@+id/forecastList"
            android:layout_width="match_parent"
            android:layout_height="300dp"
            android:layout_marginStart="8dp"
            android:layout_marginTop="8dp"
            android:layout_marginEnd="8dp"
            app:layout_constraintEnd_toEndOf="parent"
            app:layout_constraintStart_toStartOf="parent"
            app:layout_constraintTop_toBottomOf="@+id/textView6" />
    </androidx.constraintlayout.widget.ConstraintLayout>
  </ScrollView>
</androidx.constraintlayout.widget.ConstraintLayout>
```

（2）添加一个 EditText 组件和一个 Button 组件。EditText 组件用于输入文字，设置其宽度为 0 dp，高度为 wrap_content，ems 属性为 10，输入类型为 textPersonName，文本为 222405。Button 组件用于提交查询，设置其宽度为 wrap_content，高度为 wrap_content，文本为“查询”，文字颜色为白色，文字大小为 20 sp，背景颜色为 #017688。布局中使用了 ConstraintLayout 布局约束，将 EditText 组件的 end 位置与 Button 组件的 start 位置对齐，同时将 Button 组件的 end 位置与父容器对齐，将 EditText 和 Button 组件的 top 位置与父容器对齐。代码如下：

```
<EditText
    android:id="@+id/editTextTextCityName"
    android:layout_width="0dp"
    android:layout_height="wrap_content"
    android:layout_marginStart="8dp"
    android:layout_marginTop="8dp"
    android:ems="10"
    android:inputType="textPersonName"
    android:text="222405"
    app:layout_constraintEnd_toStartOf="@+id/button"
    app:layout_constraintStart_toStartOf="parent"
```

```
    app:layout_constraintTop_toTopOf="parent" />

<Button
    android:id="@+id/button"
    android:layout_width="wrap_content"
    android:layout_height="wrap_content"
    android:layout_marginTop="8dp"
    android:layout_marginEnd="8dp"
    android:background="#017688"
    android:text=" 查询 "
    android:textColor="#ffffff"
    android:textSize="20sp"
    android:textStyle="bold"
    app:layout_constraintEnd_toEndOf="parent"
    app:layout_constraintStart_toEndOf="@+id/editTextTextCityName"
    app:layout_constraintTop_toTopOf="parent" />
```

（3）添加一系列的文本组件用于显示城市、温度、风力等天气信息，代码如下：

```
<TextView
    android:id="@+id/cityName"
    android:layout_width="wrap_content"
    android:layout_height="wrap_content"
    android:layout_marginTop="64dp"
    android:text=" 城市名称 "
    android:textColor="#ffffff"
    android:textSize="30sp"
    android:textStyle="bold"
    app:layout_constraintEnd_toEndOf="parent"
    app:layout_constraintStart_toStartOf="parent"
    app:layout_constraintTop_toBottomOf="@+id/editTextTextCityName" />
<TextView
    android:id="@+id/temp"
    android:layout_width="wrap_content"
    android:layout_height="wrap_content"
```

```
        android:layout_marginTop="80dp"
        android:text="20℃ "
        android:textColor="#ffffff"
        android:textSize="64sp"
        app:layout_constraintEnd_toEndOf="parent"
        app:layout_constraintStart_toStartOf="parent"
        app:layout_constraintTop_toBottomOf="@+id/cityName" />
    // 此处省略其他 TextView 组件设置
```

（4）添加一个 TextView 组件和一个 ListView 组件。TextView 组件用于显示标题，设置其宽度为 wrap_content，高度也是 wrap_content，字体大小为 24 sp，字体加粗，文本为“天气预报”，文字颜色为白色。ListView 组件用于显示天气预报信息，设置其宽度为 match_parent，高度为 300 dp，margins 为 8 dp，与父容器的约束是 start 和 end 都对齐，位于 TextView 下方。这个布局在应用程序中会显示一个标题以及一个可以滚动的天气预报列表，代码如下：

```
    <TextView
        android:id="@+id/textView6"
        android:layout_width="wrap_content"
        android:layout_height="wrap_content"
        android:layout_marginStart="8dp"
        android:layout_marginTop="80dp"
        android:layout_marginEnd="8dp"
        android:text=" 天气预报 "
        android:textColor="#ffffff"
        android:textSize="24sp"
        android:textStyle="bold"
        app:layout_constraintEnd_toEndOf="parent"
        app:layout_constraintStart_toStartOf="parent"
        app:layout_constraintTop_toBottomOf="@+id/split" />
    <ListView
        android:id="@+id/forecastList"
        android:layout_width="match_parent"
        android:layout_height="300dp"
        android:layout_marginStart="8dp"
```

```
        android:layout_marginTop="8dp"
        android:layout_marginEnd="8dp"
        app:layout_constraintEnd_toEndOf="parent"
        app:layout_constraintStart_toStartOf="parent"
        app:layout_constraintTop_toBottomOf="@+id/textView6" />
```

2. 获取天气数据

（1）添加两个依赖，OkHttp 库用于在 Android 应用程序中进行网络请求，Google Gson 库用于在 Android 应用程序中进行 JSON 数据的解析和生成。

```
implementation("com.squareup.okhttp3:okhttp:4.9.0")
implementation 'com.google.code.gson:gson:2.8.6
```

（2）创建实体类 responseInfo，该类包含 3 个成员变量：status、result 和 message。其中，status 变量是一个 int 类型的值，表示请求的状态码。通常情况下，200 表示请求成功，其他状态码表示请求失败。result 变量是一个 result 类型的对象，表示请求返回的结果数据。result 类中包含了请求的详细信息，如地理位置信息、当前天气信息、未来几天的天气预报信息等。message 变量是一个 String 类型的值，表示请求返回的消息。通常情况下，若请求成功，则该变量为空字符串，否则表示请求失败的原因。代码如下：

```
public class responseInfo {
    private int status;
    private result result;
    private String message;
//省略 getter 和 setter 方法
}
```

（3）创建实体类 result，该类包含 3 个成员变量：location 变量是一个 location 类型的对象，表示天气预报的地理位置信息；now 变量是一个 weatherInfoNow 类型的对象，表示当前的天气信息；forecasts 变量是一个 List 类型的对象，其中存储了多个 weatherInfoForecast 类型的对象，表示未来几天的天气预报信息。代码如下：

```
public class result {
    private location location;
    private weatherInfoNow now;
    private List<weatherInfoForecast> forecasts;
//省略 getter 和 setter 方法
```

```
}
```

（4）定义实体类 location，该类包含 5 个成员变量：country、province、city、name 和 id。这些成员变量都是 String 类型的值，用于表示地理位置信息。其中，country 表示国家名称，province 表示省份名称，city 表示城市名称，name 表示地点名称，id 表示地点 ID。该类的定义是为了方便解析 JSON 数据，将 JSON 数据转换成 Java 对象，以便在 Android 应用程序中进行处理和展示。在天气预报功能中，该类的对象用于表示地理位置信息，代码如下：

```
public class location {
    private String country;
    private String province;
    private String city;
    private String name;
    private String id;
// 省略 getter 和 setter 方法
}
```

（5）创建实体类 weatherInfoNow，该类包含 7 个成员变量：text、temp、feels_like、rh、wind_class、wind_dir 和 uptime。这些成员变量都是 String 类型的值，用于表示当前天气信息。其中，text 表示天气状况，temp 表示当前温度，feels_like 表示体感温度，rh 表示相对湿度，wind_class 表示风力等级，wind_dir 表示风向，uptime 表示更新时间。该类的定义是为了方便解析 JSON 数据，将 JSON 数据转换成 Java 对象，以便在 Android 应用程序中进行处理和展示。在天气预报功能中，该类的对象用于表示当前天气信息，代码如下：

```
public class weatherInfoNow {
    private String text;
    private String temp;
    private String feels_like;
    private String rh;
    private String wind_class;
    private String wind_dir;
    private String uptime;
// 省略 getter 和 setter 方法
}
```

（6）创建实体类 weatherInfoForecast，该类包含 10 个成员变量：text_day、text_night、high、low、wc_day、wd_day、wc_night、wd_night、date 和 week。这些成员变量都是

String 类型的值，用于表示未来几天的天气预报信息。其中，text_day 表示白天天气状况，text_night 表示夜晚天气状况，high 表示最高温度，low 表示最低温度，wc_day 表示白天风力等级，wd_day 表示白天风向，wc_night 表示夜晚风力等级，wd_night 表示夜晚风向，date 表示日期，week 表示星期几。该类的定义是为了方便解析 JSON 数据，将 JSON 数据转换成 Java 对象，以便在 Android 应用程序中进行处理和展示。在天气预报功能中，该类的对象用于表示未来几天的天气预报信息，代码如下：

```
public class weatherInfoForecast {
    private String text_day;
    private String text_night;
    private String high;
    private String low;
    private String wc_day;
    private String wd_day;
    private String wc_night;
    private String wd_night;
    private String date;
    private String week;
// 省略 getter 和 setter 方法
}
```

（7）添加多个成员变量，包括 requestUrl、cityName、temp、weatherState、windInfo、searchInfo、btn、forecastList、adapter、forecasts、client、key、responseMsg 和 info。其中，requestUrl 是请求的 URL 地址，cityName、temp、weatherState 和 windInfo 是用于展示天气信息的 TextView 组件，searchInfo 是用于输入查询信息的 EditText 组件，btn 是用于触发查询操作的 Button 组件，forecastList 是用于展示未来几天的天气预报信息的 ListView 组件，adapter 是用于管理 ListView 的数据源的 ArrayAdapter 对象，forecasts 是用于存储天气预报信息的 List 集合，client 是 OkHttpClient 对象，key 是 API 密钥，responseMsg 是请求返回的消息，info 是 responseInfo 类型的对象。在 onCreate() 方法中，调用了 init() 方法，用于初始化界面和事件监听器，代码如下：

```
public class Task12WeatherForecastActivity extends AppCompatActivity {
    String requestUrl;
    TextView cityName,temp,weatherState,windInfo;
    EditText searchInfo;
    Button btn;
```

```
    ListView forecastList;
    ArrayAdapter<String> adapter;
    List<String> forecasts=new ArrayList<String>();
    OkHttpClient client=new OkHttpClient();
    String key,responseMsg;
    responseInfo info;
    @Override
    protected void onCreate(Bundle savedInstanceState) {
        super.onCreate(savedInstanceState);
        setContentView(R.layout.activity_task12_weather_forecast);
        init();
    }
}
```

（8）定义私有方法 init()，用于初始化界面和事件监听器。在该方法中，首先定义了一个字符串变量 key，用于存储 API 密钥。接着，通过调用 findViewById() 方法获取用于展示天气信息的 TextView 组件 cityName、temp、weatherState 和 windInfo，以及用于输入查询信息的 EditText 组件 searchInfo，用于触发查询操作的 Button 组件 btn，用于展示未来几天的天气预报信息的 ListView 组件 forecastList。之后，通过调用 setOnclickListener() 方法为 btn 添加了一个点击事件监听器，当用户点击 btn 时，会获取输入框 searchInfo 中的文本信息，拼接成请求 URL 地址 requestUrl，然后调用 getHttpResponse() 方法向百度天气 API 发送 HTTP 请求，获取天气信息和天气预报信息。最后，通过 ArrayAdapter 对象 adapter 和 ListView 组件 forecastList，将天气预报信息展示在界面上，代码如下：

```
private void init(){
    key="";//开发者密钥
    cityName=findViewById(R.id.cityName);
    temp=findViewById(R.id.temp);
    weatherState=findViewById(R.id.weatherState);
    windInfo=findViewById(R.id.windInfo);
    searchInfo=findViewById(R.id.editTextTextCityName);
    btn=findViewById(R.id.button);
    forecastList=findViewById(R.id.forecastList);
    btn.setOnClickListener(new View.OnClickListener() {
        @Override
```

```
        public void onClick(View v) {
            String district_id=searchInfo.getText().toString();
            requestUrl=String.format("https://api.map.baidu.com/weather/v1/?
district_id=%s&data_type=all&ak=%s",district_id,key);
            getHttpResponse();
        }
    });
    adapter=new ArrayAdapter<String>(getApplicationContext(), android.
R.layout.simple_expandable_list_item_1,forecasts);
    forecastList.setAdapter(adapter);
}
```

（9）定义一个名为 getHttpResponse() 的公共方法，用于向百度天气 API 发送 HTTP 请求，获取天气信息和天气预报信息。在该方法中，首先通过调用 Request.Builder() 方法构建了一个 Request 对象 request，该对象包含了请求的 URL 地址 requestUrl。接着，通过调用 OkHttpClient 对象 client 的 newCall() 方法，异步发送 HTTP 请求，并通过 Callback 对象处理请求的响应结果。当请求成功时，会将响应结果 response 的 body 部分转化为字符串类型的 responseMsg，并通过 Gson 库将其转化为 responseInfo 类型的对象 info。当响应结果中的 message 属性为 success 时，将城市名称、温度、天气状态和风力信息展示在界面上，并将未来几天的天气预报信息添加到 forecasts 集合中，并通过调用 adapter.notifyDataSetChanged() 方法刷新 ListView 组件 forecastList 的数据源，代码如下：

```
public void getHttpResponse(){
        Request request=new Request.Builder()
                .url(requestUrl)
                .build();
        client.newCall(request).enqueue(new Callback() {
            @Override
            public void onFailure(Call call, IOException e) {
                responseMsg=e.getMessage().toString();
            }
            @Override
            public void onResponse(Call call, final Response response) throws
IOException {
                responseMsg=response.body().string();
```

```
                Gson gson=new Gson();
                info=gson.fromJson(responseMsg,responseInfo.class);
                if(info.getMessage().equals("success")){
                    runOnUiThread(new Runnable()
                    {
                        @Override
                        public void run()
                        {
                            cityName.setText(info.getResult().getLocation().
getName());
                            temp.setText(info.getResult().getNow().
getTemp());
                            weatherState.setText(info.getResult().getNow().
getText());
                            windInfo.setText(info.getResult().getNow().
getWind_dir()+info.getResult().getNow().getWind_class());
                            forecasts.clear();
                            for(weatherInfoForecast item:info.getResult().
getForecasts()) {
                                forecasts.add(String.format("日期: %s\t%s\
n 天气: %s\n 温度: %s~%s"
                                        ,item.getDate()
                                        ,item.getWeek()
                                        ,item.getText_day()
                                        ,item.getLow()
                                        ,item.getHigh()));
                            }
                            adapter.notifyDataSetChanged();
                        }
                    });
                }
            }
        });
    }
```

（10）运行程序并查看效果，天气预报界面如图 13-2 所示。

图 13-2　天气预报界面

任务巩固——制作智能识别应用程序

百度智能 API 是百度提供的一套完整的、开放的 AI（Artificial Intelligence，人工智能）开发者服务。它为开发者提供了多协议支持、请求映射、访问控制、API 生命周期管理等多项功能，使开发者能够便捷、高效、安全、低成本地管理服务，向开发者与合作伙伴开放数据或能力。请查阅官方文档，如图 13-3 所示，选择一个 API 进行应用程序开发。

图 13-3　百度智能云 API

任务小结

（1）WebView 中存在一些安全性问题，如跨站脚本攻击和跨站请求伪造（Cross-Site Request Forgery，CSRF）等问题。因此，在使用 WebView 时，需要注意对输入输出的过滤和验证，避免恶意攻击。

（2）WebView 的性能问题主要包括内存泄漏和页面加载速度慢等问题。在使用 WebView 时，需要注意内存管理和页面优化，避免出现性能问题。

（3）在使用 OkHttp 进行网络请求时，需要注意线程管理和请求参数的设置。为了避免阻塞主线程，应该在子线程中进行网络请求，并设置合适的超时时间和缓存策略。

（4）OkHttp 支持 HTTPS 安全协议，可以保证通信的安全性。在使用 OkHttp 进行 HTTPS 请求时，需要注意证书验证和加密算法的设置，避免出现安全漏洞。

任务 14
事件处理

任务场景

Android 事件机制的使用场景主要包括用户交互、触摸事件、手势操作、传感器事件等。在 Android 应用中，用户交互是非常重要的一部分，通过事件机制可以实现用户与应用程序之间的交互。例如，当用户点击按钮时，系统会生成一个点击事件，应用程序可以通过监听该事件来执行相应的操作；当用户滑动屏幕时，系统会生成一个滑动事件，应用程序可以通过监听该事件来实现滑动效果；当用户摇晃设备时，系统会生成一个传感器事件，应用程序可以通过监听该事件来实现摇一摇效果等。

寄语：手势变化有妙想，小小屏幕绘奇思。借助移动设备的特性，在人们生活的每个细分领域都形成了新的信息服务产品来更好地满足用户需求。人们只需要简单地动动手指，完成一些手势即可享受移动互联网带来的便利。手势动作是用户和应用程序交互的重要手段，为应用程序的开发带来了无限的可能。

任务目标

（1）理解 Android 事件机制的基本概念和原理。

（2）掌握 Android 事件机制的相关类和接口。

（3）熟悉 Android 事件机制的处理流程。

（4）能够使用 Android 事件机制实现各种交互效果和功能。

任务准备

1. 事件的基本概念

在 Android 中，事件是指用户在应用程序中的操作，如点击按钮、滑动屏幕、按下键盘等。当用户进行这些操作时，系统会产生相应的事件，应用程序可以通过监听这些事件来实现相应的功能。

2. 触摸事件（Touch Event）

触摸事件是用户在屏幕上触摸时产生的事件，包括按下、移动和抬起 3 个动作。应用程序可以通过重写 View 的 onTouchEvent() 方法来监听触摸事件。应用程序可以根据触摸事件的类型和坐标来实现各种交互效果，如拖拽、缩放、滑动等。同时，触摸事件的处理也需要注意性能和用户体验，避免出现卡顿或响应慢的情况。

用户触摸屏幕时，系统会将触摸事件传递给当前 Activity 的顶层 View，即根布局。根布局会将触摸事件传递给其子 View，子 View 也可以将事件继续传递给其子 View，直到某个 View 处理了该事件。处理触摸事件的 View 会调用其 onTouchEvent() 方法，根据事件类型执行相应的操作。若该 View 不处理该事件，即返回 false，则该事件会继续传递给其父 View，直到被处理或传递到根布局。若该 View 处理了该事件，即返回 true，则该事件不会再被传递给其父 View。

触摸事件的常用方法如下。

getX() 和 getY()：获取触摸点相对于当前 View 左上角的坐标。

getRawX() 和 getRawY()：获取触摸点相对于屏幕左上角的坐标。

getAction() 和 getActionMasked()：获取触摸事件的类型和具体动作，如按下、移动、抬起等。

3. 按键事件（Key Event）

按键事件是用户在键盘上按下或松开键时产生的事件，包括按下和松开两个动作。应用程序可以通过重写 View 的 onKeyDown() 和 onKeyUp() 方法来监听按键事件。应用程序可以根据按键事件的键码和类型来实现各种功能，如返回、确认、上下左右移动等。

用户按下或松开键时，系统会将按键事件传递给当前 Activity 的顶层 View，即根布局。根布局会将按键事件传递给其子 View，子 View 也可以将事件继续传递给其子 View，直到某个 View 处理了该事件。处理按键事件的 View 会调用其 onKeyDown() 或 onKeyUp() 方法，根据事件类型执行相应的操作。若该 View 不处理该事件，即返回 false，则该事件会继续传递给其父 View，直到被处理或传递到根布局。若该 View 处理了该事件，即返回

true，则该事件不会再被传递给其父 View。

按键事件的常用方法如下。

getKeyCode()：获取按键的键码，如 KeyEvent.KEYCODE_ENTER、KeyEvent.KEYCODE_BACK 等。

getAction()：获取按键事件的类型，如 ACTION_DOWN、ACTION_UP 等。

4. 手势事件（Gesture Event）

手势事件是用户在屏幕上进行手势操作时产生的事件，如滑动、缩放、旋转等。应用程序可以通过 GestureDetector 和 ScaleGestureDetector 类来监听手势事件。

GestureDetector 类用于监听普通手势事件，如单击、双击、长按、滑动等。其常用方法如下。

onDown()：手指按下时触发。

onSingleTapUp()：单击时触发。

onDoubleTap()：双击时触发。

onLongPress()：长按时触发。

onScroll()：滑动时触发。

onFling()：快速滑动时触发。

onShowPress()：手指按下一段时间后触发。

ScaleGestureDetector 类用于监听缩放手势事件，如双指捏合或张开。其常用方法如下。

onScale()：缩放时触发。

onScaleBegin()：缩放开始时触发。

onScaleEnd()：缩放结束时触发。

5. 生命周期事件（Lifecycle Event）

生命周期事件是与 Activity 或 Fragment 的生命周期相关的事件，如创建、启动、恢复、暂停、停止、销毁等。应用程序可以通过重写 Activity 或 Fragment 的相应生命周期方法来监听生命周期事件。

onCreate()：当 Activity 被创建时调用。在这个阶段，可以进行一些初始化操作，如设置布局、绑定组件、初始化变量等。

onStart()：当 Activity 正在被启动时调用。在这个阶段，Activity 已经可见，但还没有进入前台运行，可以进行一些初始化操作，如注册广播接收者、初始化服务等。

onResume()：当 Activity 正在被恢复时调用。在这个阶段，Activity 已经进入前台运行，用户可以与之交互，可以进行一些初始化操作，如启动动画、恢复数据等。

onPause()：当 Activity 正在被暂停时调用。在这个阶段，Activity 仍然可见，但已经失去了焦点，可以进行一些操作，如保存数据、停止动画等。

onStop()：当 Activity 正在被停止时调用。在这个阶段，Activity 已经不再可见，可以进行一些操作，如释放资源、停止服务等。

onRestart()：当 Activity 正在被重新启动时调用。在这个阶段，Activity 从停止状态重新进入前台运行状态，可以进行一些初始化操作，如重新加载数据等。

onDestroy()：当 Activity 被销毁时调用。在这个阶段，Activity 已经不再存在，可以进行一些操作，如释放资源、取消注册等。

微课视频

任务演练——制作手机钢琴应用程序

（1）加载布局文件，并初始化 ImageView 组件，并为组件添加点击事件监听器，代码如下：

```
protected void onCreate(Bundle savedInstanceState) {
    super.onCreate(savedInstanceState);
    setContentView(R.layout.activity_task13_piano);
    //初始化 ImageView 组件，并为组件添加点击事件监听器
    ImageView iv_do=(ImageView) findViewById(R.id.iv_do);
    ImageView iv_re=(ImageView) findViewById(R.id.iv_re);
    ImageView iv_mi=(ImageView) findViewById(R.id.iv_mi);
    ImageView iv_fa=(ImageView) findViewById(R.id.iv_fa);
    ImageView iv_so=(ImageView) findViewById(R.id.iv_so);
    ImageView iv_la=(ImageView) findViewById(R.id.iv_la);
    ImageView iv_si=(ImageView) findViewById(R.id.iv_si);
    iv_do.setOnClickListener(this);
    iv_re.setOnClickListener(this);
    iv_mi.setOnClickListener(this);
    iv_fa.setOnClickListener(this);
    iv_so.setOnClickListener(this);
    iv_la.setOnClickListener(this);
    iv_si.setOnClickListener(this);
}
```

（2）初始化 SoundPool 对象，代码如下：

```
private void initSoundPool() {
    if(soundpool==null){
        //创建 SoundPool 对象
        soundpool=new SoundPool(7, AudioManager.STREAM_SYSTEM, 0);
    }
}
```

（3）加载音频文件，并将文件存储到 HashMap 集合中，代码如下：

```
map.put(R.id.iv_do,soundpool.load(this,R.raw.music_do,1));
map.put(R.id.iv_re,soundpool.load(this,R.raw.music_re,1));
map.put(R.id.iv_mi,soundpool.load(this,R.raw.music_mi,1));
map.put(R.id.iv_fa,soundpool.load(this,R.raw.music_fa,1));
map.put(R.id.iv_so,soundpool.load(this,R.raw.music_so,1));
map.put(R.id.iv_la,soundpool.load(this,R.raw.music_la,1));
map.put(R.id.iv_si,soundpool.load(this,R.raw.music_si,1));
```

（4）监听 ImageView 组件的点击事件，并调用 play() 方法播放音频文件，代码如下：

```
@Override
public void onClick(View v) {
    play(v.getId());
}
private void play(int id) {
    //从 HashMap 集合中获取对应音频文件的资源 ID
    int soundId=map.get(id);
    //播放该音频文件
    soundpool.play(soundId, 1, 1, 0, 0, 1);
}
```

（5）手机钢琴界面实现效果如图 14-1 所示。

图 14-1　手机钢琴界面实现效果

任务拓展——制作访客二维码

微课视频

（1）在 Activity 中，首先通过调用 findViewById() 方法获取布局文件中的 3 个 EditText 组件和一个 Button 组件，以及一个 ImageView 组件（用于显示生成的二维码图像），代码如下：

```
EditText editText01=findViewById(R.id.editTextTextPersonName);
EditText editText02=findViewById(R.id.editTextTextPersonName2);
EditText editText03=findViewById(R.id.editTextTextPersonName3);
Button btn=findViewById(R.id.generateBtn);
ImageView qrView=findViewById(R.id.qrCodeView);
```

（2）通过设置 Button 的点击事件，在点击按钮时获取 3 个 EditText 组件中的文本内容，并将它们拼接成一个字符串作为二维码的内容。接着，调用自定义的 createQRCodeBitmap() 方法生成二维码图像，并将其设置到 ImageView 组件上显示出来，代码如下：

```
btn.setOnClickListener(new View.OnClickListener() {
    @Override
    public void onClick(View view) {
        String info=String.format("%s;%s;%s", editText01.getText().toString(),
editText02.getText().toString(), editText03.getText().toString());
```

```
            Bitmap bitmap=null;
            try {
                bitmap=createQRCodeBitmap(info, 300, 300);
            } catch(WriterException e) {
                e.printStackTrace();
            }
            qrView.setImageBitmap(bitmap);
        }
    });
```

（3）createQRCodeBitmap() 方法中，使用了 ZXing 库来生成二维码图像。具体实现过程是：首先创建一个 QRCodeWriter 对象，然后调用其 encode() 方法将字符串内容编码成二维码的位矩阵，接着将位矩阵转换为像素数组，最后创建一个 Bitmap 对象并将像素数组设置到其中，即可得到一个二维码图像，代码如下，生成访客二维码如图 14-2 所示。

```
private Bitmap createQRCodeBitmap(String content, int width, int height)
throws WriterException {
    QRCodeWriter qrCodeWriter=new QRCodeWriter();
    BitMatrix bitMatrix=qrCodeWriter.encode(content, BarcodeFormat.QR_
CODE, width, height);
    int[] pixels=new int[width*height];
    for(int y=0; y < height; y++) {
        for(int x=0; x < width; x++) {
            if(bitMatrix.get(x, y)) {
                pixels[y*width + x]=0xff000000;
            } else {
                pixels[y*width + x]=0xffffffff;
            }
        }
    }
    Bitmap bitmap=Bitmap.createBitmap(width, height, Bitmap.Config.
ARGB_8888);
    bitmap.setPixels(pixels, 0, width, 0, 0, width, height);
    return bitmap;
}
```

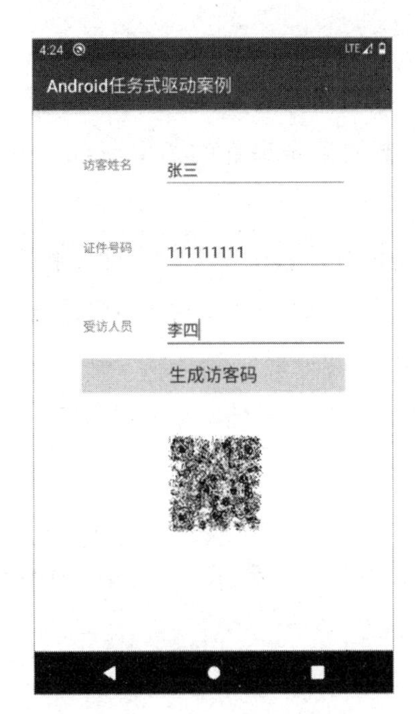

图 14-2　生成访客二维码

任务巩固——制作手绘板

手绘板可以让用户在手机上进行绘画操作，包括设置画笔颜色、设置画笔粗细、橡皮擦、撤销、保存等功能。请利用事件机制实现一个简易的手绘板应用程序，如图 14-3 所示。

图 14-3　简易的手绘板应用程序

任务小结

（1）在使用事件机制时，需要确定事件的类型。Android 中常见的事件类型有触摸事件、按键事件、手势事件等。

（2）Android 中的事件传递机制是自下而上的，即先将事件传递给子 View，若子 View 没有处理该事件，则将事件传递给父 View，直到最终传递给 Activity 或 Window。

（3）可以使用回调方法或监听器来处理事件。回调方法是在 View 中定义的，当事件发生时，系统会自动调用相应的回调方法来处理事件。设置监听器，当事件发生时，系统会回调监听器中的相应方法来处理事件。

（4）在处理事件时，可以通过设置事件拦截标志来拦截事件。如果一个 View 拦截了事件，那么该事件将不会传递给该 View 的父 View，也不会传递给其他 View，直到该 View 处理完该事件或取消了事件拦截标志。

（5）在处理多点触控事件时，需要注意使用 MotionEvent 类中的方法来获取触摸点的坐标、状态等信息。同时，还需要注意处理多点触控事件时的事件类型、事件传递机制等问题。

任务 15
动画

任务场景

Android 动画可以应用于很多场景，如启动页动画、列表项动画、界面转场动画、用户交互动画和视图动画等。合理使用动画可以提高应用程序的交互性和吸引力，增强用户体验，让用户感觉应用程序更加流畅、生动。在开发应用程序时，需要注意动画的性能和流畅度，避免使用过多的动画效果，尽量使用硬件加速来加速动画效果，避免使用大尺寸的图片，尽量使用属性动画等技巧。

寄语：生动流畅有创意，视觉体验引共鸣。软件应用中的动画特效大部分都由平移、缩放、旋转和透明度变化组合而成，不同的组合能激发不同的创意效果，也给用户带来不一般的视觉体验。

任务目标

（1）理解动画的基本概念和原理。

（2）掌握 Android 中常用的动画类。

（3）学会使用 XML 文件和 Java 代码来创建动画效果。

（4）熟悉 Android 动画的优化技巧。

（5）能够应用动画技术来增强 Android 应用程序的用户体验和交互性。

任务准备

微课视频

1. Android 动画的概念

Android 动画是一种用于创建移动、旋转、缩放和淡入淡出效果的技术。它可以改变视图的外观和位置，从而增强用户体验。Android 动画可以分为以下 3 种类型。

（1）补间动画：一种基于开始和结束状态之间的差异来生成动画的技术。它可以用来创建平移、旋转、缩放和淡入淡出效果。补间动画可以通过 XML 文件或 Java 代码来实现。

（2）帧动画：一种基于一系列静态图像来生成动画的技术。它可以用来创建动态图像、动画图标等效果。帧动画可以通过 XML 文件或 Java 代码来实现。

（3）属性动画：一种基于属性值的变化来生成动画的技术。它可以用来创建更加复杂的动画效果，如动态改变组件的大小、颜色、透明度等。属性动画只能通过 Java 代码来实现。

2. 补间动画的实现

补间动画可以通过 XML 文件或 Java 代码来实现，下面将介绍如何使用 XML 文件来实现补间动画。

（1）创建 XML 文件。

在 res 目录下创建一个名为 anim 的文件夹，在该文件夹下创建一个名为 translate.xml 的文件，代码如下：

```
<translate xmlns:android="http://schemas.android.com/apk/res/android"
    android:fromXDelta="0"
    android:toXDelta="100"
    android:duration="1000" />
```

该 XML 文件定义了一个平移动画，从组件的初始位置平移 0 个像素到 100 个像素的距离，持续时间为 1 秒（1000 毫秒）。

（2）加载 XML 文件。

在 Activity 中加载 XML 文件，代码如下：

```
Animation animation=AnimationUtils.loadAnimation(this, R.anim.translate);
view.startAnimation(animation);
```

该代码将 translate.xml 文件加载到 Animation 对象中，并将该动画应用到 view 组件上。

3. 帧动画的实现

（1）创建 XML 文件。

在 res 目录下创建一个名为 drawable 的文件夹，在该文件夹下创建一个名为 animation.xml 的文件，代码如下：

```
<animation-list xmlns:android="http://schemas.android.com/apk/res/android"
```

```
    android:oneshot="false">
    <item android:drawable="@drawable/frame1" android:duration="100" />
    <item android:drawable="@drawable/frame2" android:duration="100" />
    <item android:drawable="@drawable/frame3" android:duration="100" />
</animation-list>
```

该 XML 文件定义了一个帧动画，该动画由 3 张图片组成，每张图片持续时间为 100 毫秒。

（2）加载 XML 文件。

在 Activity 中加载 XML 文件，代码如下：

```
ImageView imageView=findViewById(R.id.image_view);
imageView.setBackgroundResource(R.drawable.animation);
AnimationDrawable animationDrawable=(AnimationDrawable) imageView.
getBackground();
animationDrawable.start();
```

该代码将 animation.xml 文件加载到 ImageView 组件的背景中，并启动动画。

4. 属性动画的实现

（1）创建动画对象。

在 Activity 中创建动画对象，例如，创建一个平移动画对象，代码如下：

```
ObjectAnimator animator=ObjectAnimator.ofFloat(view, "translationX", 0, 100);
animator.setDuration(1000);
animator.start();
```

该代码创建了一个平移动画对象，从组件的初始位置平移 0 个像素到 100 个像素的距离，持续时间为 1 秒。

（2）设置动画属性。

在创建动画对象时，需要设置动画的目标组件和动画属性。例如，上述代码中的动画属性为“translationX”，表示组件在 *X* 轴方向上的平移。

（3）启动动画。

在设置完动画属性后，需要调用 start() 方法来启动动画。

任务演练——制作舞狮动画应用程序

1. 构建舞狮动画的界面

（1）创建项目，添加一个 ImageView 组件，用于显示一张卡通狮子的图片，代码如下：

```
<ImageView
    android:id="@+id/imageView"
    android:layout_width="wrap_content"
    android:layout_height="wrap_content"
    app:layout_constraintBottom_toBottomOf="parent"
    app:layout_constraintEnd_toEndOf="parent"
    app:layout_constraintStart_toStartOf="parent"
    app:layout_constraintTop_toTopOf="parent"
    app:srcCompat="@drawable/task14_cartoon_lion" />
```

（2）添加 4 个 Button 组件，用于实现点击按钮图片执行动画的效果，代码如下：

```
<Button
    android:id="@+id/button_alpha"
    android:layout_width="wrap_content"
    android:layout_height="wrap_content"
    android:layout_marginBottom="16dp"
    android:text=" 渐变 "
    app:layout_constraintBottom_toBottomOf="parent"
    app:layout_constraintEnd_toStartOf="@+id/button_rotate"
    app:layout_constraintStart_toStartOf="parent" />// 其他 3 个组件代码略
```

（3）舞狮动画界面效果如图 15-1 所示。

2. 动画功能实现

（1）创建渐变动画效果的 XML 文件。通过 set 标签包含一个 alpha 标签，设置透明度的动画效果。alpha 标签中，fromAlpha 属性设置为 1.0，表示动画开始时透明度为 1.0（完全不透明）；toAlpha 属性设置为 0.0，表示动画结束时透明度为 0.0（完全透明）；duration 属性设置为 1 000，表示动画持续的时间为 1 000 毫秒（1 秒）；repeatCount 属性设置为 infinite，表示动画播放的次数为无限次；repeatMode 属性设置为 reverse，表示动画重复播放时反转播放（即从 toAlpha 到 fromAlpha 再到 toAlpha）；interpolator 属性设置为 @android:anim/linear_interpolator，表示使用线性插值器，即动画播放速度保持匀速。代码如下：

图 15-1　舞狮动画界面效果

```
<?xml version="1.0" encoding="utf-8"?>
<set xmlns:android="http://schemas.android.com/apk/res/android">
    <alpha
        android:fromAlpha="1.0"
        android:toAlpha="0.0"
        android:duration="1000"
        android:repeatCount="infinite"
        android:repeatMode="reverse"
        android:interpolator="@android:anim/linear_interpolator"
        />
</set>
```

（2）创建旋转动画效果的 XML 文件。通过在 set 标签中设置一个 rotate 标签，设置旋转的动画效果。rotate 标签中，fromDegrees 属性设置为 0，表示动画开始时图片不旋转；toDegrees 属性设置为 360，表示动画结束时图片旋转 360 度；duration 属性设置为 1 000，表示动画持续的时间为 1 000 毫秒；pivotX 属性和 pivotY 属性均设置为 50%，表示图片的中心点在水平方向和垂直方向上均位于图片的中心位置；repeatCount 属性设置为 infinite，表示动画播放的次数为无限次；repeatMode 属性设置为 reverse，表示动画重复播放时反转播放，即从 toDegrees 到 fromDegrees 再到 toDegrees。代码如下：

```
<?xml version="1.0" encoding="utf-8"?>
```

```
<set xmlns:android="http://schemas.android.com/apk/res/android">
    <rotate
        android:fromDegrees="0"
        android:toDegrees="360"
        android:duration="1000"
        android:pivotX="50%"
        android:pivotY="50%"
        android:repeatCount="infinite"
        android:repeatMode="reverse"
        />
</set>
```

（3）创建缩放动画效果的 XML 文件。在 set 标签中添加一个 scale 标签，设置缩放的动画效果。scale 标签中，fromXScale 属性和 fromYScale 属性均设置为 1.0，表示动画开始时图片的 X 轴和 Y 轴缩放因子均为 1.0；toXScale 属性和 toYScale 属性均设置为 0.5，表示动画结束时图片的 X 轴和 Y 轴缩放因子均为 0.5；pivotX 属性和 pivotY 属性均设置为 50%，表示图片的中心点在水平方向和垂直方向上均位于图片的中心位置；repeatCount 属性设置为 infinite，表示动画播放的次数为无限次；repeatMode 属性设置为 reverse，表示动画重复播放时反转播放；duration 属性设置为 3 000，表示动画持续的时间为 3 000 毫秒。代码如下：

```
<?xml version="1.0" encoding="utf-8"?>
<set xmlns:android="http://schemas.android.com/apk/res/android">
    <scale
        android:fromXScale="1.0"
        android:toXScale="0.5"
        android:fromYScale="1.0"
        android:toYScale="0.5"
        android:pivotY="50%"
        android:pivotX="50%"
        android:repeatCount="infinite"
        android:repeatMode="reverse"
        android:duration="3000"
        />
</set>
```

（4）创建平移动画效果的 XML 文件。在 set 标签中添加一个 translate 标签，设置平移的动画效果。translate 标签中，fromXDelta 属性设置为 0.0，表示动画开始时图片的 X 轴位置不发生变化；toXDelta 属性设置为 100，表示动画结束时图片在 X 轴方向上平移 100 个像素距离；fromYDelta 属性设置为 0.0，表示动画开始时图片的 Y 轴位置不发生变化；toYDelta 属性设置为 0.0，表示动画结束时图片在 Y 轴方向上不发生变化；repeatCount 属性设置为 infinite，表示动画播放的次数为无限次；repeatMode 属性设置为 reverse，表示动画重复播放时反转播放。代码如下：

```
<?xml version="1.0" encoding="utf-8"?>
<set xmlns:android="http://schemas.android.com/apk/res/android">
    <translate
        android:fromXDelta="0.0"
        android:toXDelta="100"
        android:fromYDelta="0.0"
        android:toYDelta="0.0"
        android:repeatCount="infinite"
        android:repeatMode="reverse"
        android:duration="3000"
        />
</set>
```

（5）通过调用 findViewById() 方法获取 4 个不同的 Button 组件和 1 个 ImageView 组件的引用，代码如下：

```
Button btn1=findViewById(R.id.button_alpha);
Button btn2=findViewById(R.id.button_rotate);
Button btn3=findViewById(R.id.button_scale);
Button btn4=findViewById(R.id.button_trans);
ImageView pineapple=findViewById(R.id.imageView);
```

（6）以“渐变”按钮为例，通过调用 setOnClickListener() 方法设置 btn1 的点击事件监听器，当用户点击该按钮时会执行内部的 onClick() 方法。在 onClick() 方法中，首先利用 AnimationUtils.loadAnimation() 方法来加载 res/anim 目录下已经在 XML 文件中定义好的动画效果，这里引用了 task14_alpha_animation.xml 文件，然后通过调用 ImageView 的 startAnimation() 方法来启动动画效果。代码如下：

```
btn1.setOnClickListener(new View.OnClickListener() {
    @Override
```

```
    public void onClick(View view) {
        Animation alpha=AnimationUtils.loadAnimation(getApplicationContext()
                ,R.anim.task14_alpha_animation);
        pineapple.startAnimation(alpha);
    }
});
```

（7）运行程序并查看舞狮动画效果，如图 15-2 所示。

图 15-2　舞狮动画效果

任务拓展——制作风景轮播动画

微课视频

（1）创建项目，创建帧动画的 XML 文件，它通过 animation-list 标签包含多个 item 标签，设置多个不同的帧作为动画效果。设置了 android:oneshot="false"，表示动画循环播放。每个 item 标签可以通过 drawable 属性设置不同的绘制对象，即每一帧对应的图片资源。同时，duration 属性设置每个帧的播放时间，单位为毫秒。这里设置每帧的播放时间为 1 000 毫秒。代码如下：

```
<?xml version="1.0" encoding="utf-8"?>
<animation-list
    android:oneshot="false"
    xmlns:android="http://schemas.android.com/apk/res/android">
```

```
    <item android:drawable="@drawable/task14_scene01" android:duration="1000" />
    <item android:drawable="@drawable/task14_scene02" android:duration="1000" />
    <item android:drawable="@drawable/task14_scene03" android:duration="1000" />
</animation-list>
```

（2）向界面中添加一个 ImageView 组件和一个 Button 组件，ImageView 组件中，设置 layout_width 为 400 dp，layout_height 为 300 dp，并使用约束布局绑定距上、下、左、右的边界，使图片保持居中并占据布局的大部分面积。风景轮播界面如图 15-3 所示。

图 15-3　风景轮播界面

（3）打开 Java 文件，在 onCreate() 方法中，通过调用 findViewById 方法获取组件的引用，并为 Button 组件设置点击事件监听器，代码如下：

```
imageView=findViewById(R.id.image_view);
Button btnXml=findViewById(R.id.btn_play);
btnXml.setOnClickListener(new View.OnClickListener() {
    @Override
    public void onClick(View v) {
      // 在此处理按钮点击事件
    }
});
```

（4）在点击事件监听器中，先将动画资源设置为 ImageView 的背景，以便进行动画播放，并设置 ScaleType 属性为 CENTER_CROP 以保持图片高宽比例不变，代码如下：

```
imageView.setImageResource(R.drawable.task14_scene_animation);
imageView.setScaleType(ImageView.ScaleType.CENTER_CROP);
```

（5）通过调用 getDrawable() 方法获取 ImageView 的背景 Drawable 对象，并将其类型强制转换为 AnimationDrawable 对象，以便控制动画的播放，代码如下：

```
frameDrawable=(AnimationDrawable) imageView.getDrawable();
```

（6）根据当前动画的播放状态，执行不同的操作。如果动画未播放，就调用 AnimationDrawable 的 start() 方法开始动画的播放，并将按钮文本改变为“停止”。如果动画已经在播放中，就调用 AnimationDrawable 的 stop() 方法停止动画的播放，按钮文本改变为“开始”，通过对 isPlaying 标志位的操作来记录动画的播放状态，代码如下：

```
if(!isPlaying) {
    frameDrawable.start();
    btnXml.setText("停止");
} else {
    frameDrawable.stop();
    btnXml.setText("开始");
}
isPlaying=!isPlaying;
```

任务巩固——制作加载动画

Android 中的加载动画可以用于提示用户正在进行耗时操作，以便用户知道应用程序正在处理请求并等待结果。请利用帧动画实现一个简单的旋转加载动画。加载动画参考效果如图 15-4 所示。

图 15-4　加载动画参考效果

任务小结

（1）使用动画时，需要注意及时释放资源，避免出现内存泄漏的问题。例如，在 Activity 的 onDestroy() 方法中，需要调用动画的 cancel() 方法或将动画对象设置为 null。

（2）过度绘制会导致应用程序卡顿，降低用户体验。在使用动画时，需要注意控制动画的帧数和时长，避免出现过度绘制的情况。

（3）过度使用动画会导致用户的应用体验不佳，甚至影响应用程序的性能。在使用动画时，需要根据实际需求选择合适的动画类型和时机，避免过度使用。

（4）不同版本的 Android 系统对动画的支持程度不同，需要根据实际情况选择合适的动画类型和实现方式，以确保应用程序在不同设备上都能正常运行。

（5）动画可以提高应用程序的交互性和用户体验，但是需要注意不要过于炫酷和复杂，避免影响用户使用体验。在设计动画时，需要考虑用户的使用习惯和心理感受，以提高应用程序的可用性和易用性。

任务 16
服务的应用

任务场景

Android 服务主要用于在后台执行长时间运行的操作，如后台音乐播放、后台数据处理、后台定位服务、后台消息推送服务、后台网络服务、后台计时器服务、后台数据同步服务等。通过使用 Android 服务，可以提高应用程序的性能和用户体验，同时也可以实现一些需要在后台执行的操作。

寄语：后台服务默不语，英雄未必名镌石。后台服务就是应用程序顺利运行的无名英雄之一，默默处理复杂事务，深藏功与名。

任务目标

（1）理解 Android 服务的概念和作用。

（2）掌握服务的创建和启动。

（3）掌握服务的绑定和解绑。

（4）理解服务通信的原理和机制。

任务准备

微课视频

1. Android 服务的基本概念

Android 服务是一种在后台运行的组件，它可以执行长时间运行的操作、处理网络请求、播放音乐等。服务可以在应用程序内部运行，也可以在应用程序外部运行。服务可以与应用程序的其他组件进行通信，如 Activity、BroadcastReceiver 等。

2. Android 服务的生命周期

（1）Created 状态。

服务的初始状态是 Created 状态，此时服务已经被创建，但还没有被启动。在这个状态下，服务只能响应来自其他组件的绑定请求，不能响应来自其他组件的启动请求。

（2）Started 状态。

服务进入 Started 状态后，会一直运行，直到被停止或销毁。在这个状态下，服务可以响应来自其他组件的启动请求，也可以执行长时间运行的操作。如果服务没有被绑定，它会一直在后台运行，直到被停止或销毁。

（3）Bound 状态。

服务进入 Bound 状态后，会与其他组件进行绑定，如 Activity、BroadcastReceiver 等。在这个状态下，服务可以响应来自其他组件的请求，如调用服务中的方法、获取服务中的数据等。当所有绑定的组件都解除绑定后，服务会自动停止。

（4）Destroyed 状态。

服务进入 Destroyed 状态后，会被销毁，释放所有资源。在这个状态下，服务不能响应任何请求。

3. Android 服务的创建

继承 Service 类可以创建自定义服务，需要重写 onCreate()、onStartCommand()、onDestroy() 和 onBind() 方法。其中，onCreate() 方法在服务被创建时调用，onStartCommand() 方法在服务被启动时调用，onDestroy() 方法在服务被销毁时调用，onBind() 方法在服务被绑定时调用。代码如下：

```
public class MyService extends Service {
    @Override
    public void onCreate() {
        super.onCreate();
        // 在服务被创建时执行的代码
    }
    @Override
    public int onStartCommand(Intent intent, int flags, int startId) {
        // 在服务被启动时执行的代码
        return super.onStartCommand(intent, flags, startId);
    }
    @Override
```

```
    public void onDestroy() {
        super.onDestroy();
        // 在服务被销毁时执行的代码
    }
    @Nullable
    @Override
    public IBinder onBind(Intent intent) {
        // 在服务被绑定时执行的代码
        return null;
    }
}
```

继承 IntentService 类也可以创建自定义服务，它会自动创建一个工作线程来处理所有的 Intent 请求，不需要手动管理线程。需要重写 onHandleIntent() 方法来处理 Intent 请求。代码如下：

```
public class MyIntentService extends IntentService {
    public MyIntentService() {
        super("MyIntentService");
    }
    @Override
    protected void onHandleIntent(Intent intent) {
        // 在工作线程中处理 Intent 请求
    }
}
```

4. Android 服务的启动

Android 服务根据启动方式的不同可以分为 Started Service 和 Bound Service。

Started Service 是指通过 startService() 方法启动的服务，它的生命周期与启动它的组件（如 Activity）无关，即使启动它的组件被销毁，Started Service 仍然可以继续运行。

Started Service 的生命周期方法包括以下几个方法。

onCreate()：服务被创建时调用。

onStartCommand()：服务被启动时调用。

onDestroy()：服务被销毁时调用。

使用 Started Service 可以执行一些长时间运行的操作，如下载文件、播放音乐等。启动 Started Service 的方式如下：

```
Intent intent=new Intent(this, MyService.class);
startService(intent);
```

Bound Service 是指通过 bindService() 方法启动的服务，它的生命周期与绑定它的组件（如 Activity）相关，当绑定它的组件被销毁时，Bound Service 也会被销毁。

Bound Service 的生命周期方法包括以下几个方法。

onCreate()：服务被创建时调用。

onBind()：服务被绑定时调用。

onUnbind()：服务被解绑时调用。

onDestroy()：服务被销毁时调用。

使用 Bound Service 可以与其他组件进行通信，如 Activity、BroadcastReceiver 等。绑定 Bound Service 的方式如下：

```
Intent intent=new Intent(this, MyService.class);
bindService(intent, serviceConnection, Context.BIND_AUTO_CREATE);
```

其中，serviceConnection 是一个 ServiceConnection 对象，用于处理服务的连接和断开连接；BIND_AUTO_CREATE 表示若服务不存在，则会自动创建服务。

5. 前台服务

前台服务是一种可以在通知栏显示通知的服务，它可以在应用程序退到后台或被系统杀死时继续运行。启动前台服务必须使用 StartForeground() 方法。前台服务通常用于执行需要用户知晓的任务，如音乐播放、下载文件等。前台服务的主要特点包括显示通知、需要权限、高优先级、长时间运行、可交互性、可以与 Activity 交互等。在使用前台服务时，需要注意以下几点：必须在通知栏显示通知、需要权限控制、优先级不是绝对的、需要提供用户交互界面等。

一个常见的前台服务案例是音乐播放服务。当用户在应用程序中播放音乐时，可以使用前台服务来保证音乐播放不会被系统杀死。通过前台服务，可以在通知栏显示音乐播放通知，并提供播放、暂停、停止等操作，让用户可以方便地控制音乐播放。同时，前台服务可以在应用程序退到后台或被系统杀死时继续播放音乐，并保持通知栏显示通知，让用户知道音乐正在播放。这样，用户就可以在使用其他应用程序时继续听音乐，而不必担心音乐播放会被系统杀死。

任务演练——制作模拟下载器

（1）定义一个名为 DownloadService 的类，该类继承自 Service 类，表示这是一个服务，代码如下：

```
public class DownloadService extends Service {
    // ...
}
```

（2）实现 Service 类的生命周期方法，包括 onCreate()、onStartCommand()、onBind()、onUnbind() 和 onDestroy() 等方法。这些方法分别在服务创建、启动、绑定、解绑和销毁时被调用，代码如下：

```
@Override
public void onCreate() {
    super.onCreate();
    Log.d(TAG, "onCreate() 被调用 ");
}
@Override
public int onStartCommand(Intent intent, int flags, int startId) {
    Log.d(TAG, "onStartCommand() 被调用 ");
    return START_REDELIVER_INTENT;
}
@Override
public IBinder onBind(Intent intent) {
    Log.d(TAG, "onBind() 被调用 ");
    return new MyBinder();
}
@Override
public boolean onUnbind(Intent intent) {
    Log.d(TAG, "onUnbind() 被调用 ");
    return super.onUnbind(intent);
}
@Override
public void onDestroy() {
    super.onDestroy();
```

```
        Log.d(TAG, "onDestroy() 被调用 ");
    }
```

（3）定义一个名为 startDownload() 的方法，用于模拟下载任务。该方法通过开启一个新线程，每秒更新一次下载进度，直到下载完成，代码如下：

```
public void startDownload() {
    Log.d(TAG, "startDownload() 被调用 ");
    progress=0;
    new Thread(new Runnable() {
        @Override
        public void run() {
            while(progress < 100) {
                progress+=5;
                // 进度发生变化时通知 MainActivity
                if(onProgressListener!=null){
                    onProgressListener.onProgress(progress);
                }
                try {
                    Thread.sleep(1000);
                } catch(InterruptedException e) {
                    e.printStackTrace();
                }
            }
        }
    }).start();
}
```

（4）定义一个名为 MyBinder 的内部类，该类继承自 Binder 类。该类实现了一个名为 getService() 的方法，用于返回 DownloadService 实例，以便 Activity 可以调用该服务的方法，代码如下：

```
class MyBinder extends Binder {
    public DownloadService getService() {
        return DownloadService.this;
    }
```

```
}
```

（5）定义一个名为 setOnProgressListener() 的方法，用于注册回调接口。该方法接收一个 OnProgressListener 类型的参数，表示回调接口的实例，代码如下：

```
private OnProgressListener onProgressListener;
public void setOnProgressListener(OnProgressListener onProgressListener) {
    this.onProgressListener=onProgressListener;
}
```

（6）定义一个名为 OnProgressListener 的接口，该接口只包含一个名为 onProgress() 的方法，用于更新下载进度，代码如下：

```
public interface OnProgressListener {
    void onProgress(int progress);
}
```

（7）实现 ServiceConnection 接口，用于与 DownloadService 进行绑定和解绑。在该接口的 onServiceConnected() 方法中，首先获取 DownloadService 的实例，然后注册一个回调接口，用于更新下载进度。在回调接口的 onProgress() 方法中，更新下载进度，若下载完成，则弹出一个 Toast 提示，并将进度条隐藏。代码如下：

```
private ServiceConnection connection=new ServiceConnection() {
    @Override
    public void onServiceDisconnected(ComponentName name) {
        Log.i("MainActivity", "onServiceDisconnected() 意外销毁被调用 ");
    }
    @Override
    public void onServiceConnected(ComponentName name, IBinder iBinder) {
        Log.i("MainActivity", "onServiceConnected()");
        downloadService=((DownloadService.MyBinder) iBinder).getService();
        downloadService.setOnProgressListener(new DownloadService.
OnProgressListener() {
            @Override
            public void onProgress(int progress) {
```

```
                progressBar.setProgress(progress);
                // 下载完成则移除进度条
                if(progress==100) {
                    Toast.makeText(Task15DownloadActivity.this, " 下载完成 ",
                            Toast.LENGTH_SHORT).show();
                    progressBar.setVisibility(View.GONE);
                }
            }
        });
    }
};
```

（8）实现 View.OnClickListener 接口的 onClick() 方法，用于处理按钮的点击事件。在该方法中，若点击的按钮是“模拟下载”按钮，则调用 DownloadService 的 startDownload() 方法开始下载，并将进度条设置为可见。代码如下：

```
public void onClick(View v) {
    switch (v.getId()) {
//省略其他按钮代码
        case R.id.btn_download:
            // 点击“模拟下载”按钮
            if (downloadService!=null) {
                downloadService.startDownload();
                progressBar.setVisibility(View.VISIBLE);
            } else {
                Toast.makeText(this, " 先绑定服务 ", Toast.LENGTH_SHORT).show();
            }
            break;
    }
}
```

（9）模拟下载界面如图 16-1 所示。

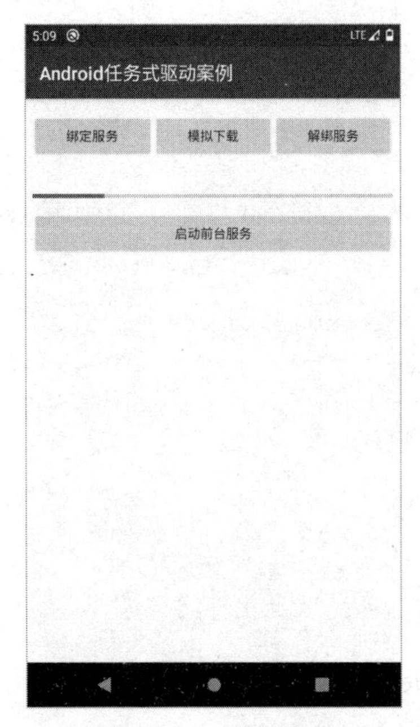

图 16-1　模拟下载界面

任务拓展——制作音乐播放器

微课视频

（1）创建项目，定义两个成员变量，分别是 MediaPlayer 和 Timer。MediaPlayer 用于播放音乐，Timer 用于更新音乐播放进度。代码如下：

```
MediaPlayer player;
Timer timer;
```

（2）在 onCreate() 方法中，初始化 MediaPlayer 对象，代码如下：

```
@Override
public void onCreate(){
    super.onCreate();
    player=new MediaPlayer();
}
```

（3）在 onBind() 方法中，返回一个 MusicControl 对象，用于与 Activity 进行通信，代码如下：

```
@Override
public IBinder onBind(Intent intent) {
    // TODO: Return the communication channel to the service.
```

```
        //throw new UnsupportedOperationException("Not yet implemented");
        return new MusicControl();
    }
```

（4）在 addTimer() 方法中，创建一个 Timer 对象，并定义一个 TimerTask。在 TimerTask 的 run() 方法中，获取音乐的总时长和当前播放位置，将这些信息封装到一个 Message 对象中，并通过 Task15MusicPlayerActivity.handler 发送给 Activity，以便更新音乐播放进度。代码如下：

```
public void addTimer(){
    if(timer==null){
        timer=new Timer();
        TimerTask task=new TimerTask() {
            @Override
            public void run() {
                if(player==null)return;
                int duration=player.getDuration();
                int currentPosition=player.getCurrentPosition();
                Message msg=new Message();
                Bundle bundle=new Bundle();
                bundle.putInt("duration",duration);
                bundle.putInt("currentPosition",currentPosition);
                msg.setData(bundle);
                //
                Task15MusicPlayerActivity.handler.sendMessage(msg);
            }
        };
        timer.schedule(task,5,500);
    }
}
```

（5）MusicControl 类继承自 Binder 类，用于与 Activity 进行通信。在这个类中，定义了 player()、pausePlayer()、continuePlayer() 和 seekTo() 等方法，用于控制音乐的播放、暂停、继续播放和调整播放进度，代码如下：

```
class MusicControl extends Binder{
```

```
    private boolean flg=true;
    public void player(){
        if(flg){
            player.reset();
            player=MediaPlayer.create(getApplicationContext(), R.raw.music);
            player.start();
            addTimer();
            flg=false;
        }
        else{
            if(player.isPlaying()){
                pausePlayer();
            }
            else {
                continuePlayer();
            }
        }
    }
    public void pausePlayer(){
        player.pause();
    }
    public void continuePlayer(){
        player.start();
    }
    public void seekTo(int progress) {
        player.seekTo(progress);
    }
}
```

（6）在 onDestroy() 方法中，释放 MediaPlayer 和 Timer 资源。当 MusicService 被销毁时，停止播放音乐，释放 MediaPlayer 对象，并取消 Timer 任务，代码如下：

```
@Override
public void onDestroy() {
```

```
        super.onDestroy();
        if(player!=null) {
            player.stop();
            player.release();
            player=null;
        }
        if(timer!=null) {
            timer.cancel();
            timer=null;
        }
    }
```

（7）定义成员变量，包括 UI 组件（文本视图和 SeekBar）、与 MusicService 的连接以及用于跟踪播放器和服务绑定状态的标志等，代码如下：

```
static private TextView tv_progress, tv_total;
static private SeekBar seekBar;
private ObjectAnimator animator;
private MusicService.MusicControl musicControl;
MyServiceConn conn;
Intent intent;
private boolean isUnbind=false;
private boolean playerState=false;
private boolean startFlag=false;
```

（8）在 onCreate() 方法中，设置活动的布局，并调用 init() 方法来初始化 UI 组件和服务连接，代码如下：

```
@Override
protected void onCreate(Bundle savedInstanceState) {
    super.onCreate(savedInstanceState);
    setContentView(R.layout.activity_task15_music_player);
    init();
}
```

（9）handler 用于接收来自 MusicService 的包含当前播放位置和持续时间的消息。它相应地更新 UI 组件，如设置进度和总时长的文本，并更新 SeekBar 的最大值和进度，代码如下：

```
public static Handler handler=new Handler() {
    @Override
    public void handleMessage(@NonNull Message msg) {
        super.handleMessage(msg);
        Bundle bundle=msg.getData();
        int duration=bundle.getInt("duration");
        int currentPosition=bundle.getInt("currentPosition");
        int minute=duration/1000/60;
        int second=duration/1000%60;
        tv_total.setText(minute+":"+second);
        minute=currentPosition/1000/60;
        second=currentPosition/1000%60;
        tv_progress.setText(minute+":"+second);
        seekBar.setMax(duration);
        seekBar.setProgress(currentPosition);
    }
};
```

（10）获取布局中的文本视图和 SeekBar，代码如下：

```
tv_progress=findViewById(R.id.textView2);
tv_total=findViewById(R.id.textView3);
seekBar=findViewById(R.id.seekBar);
```

（11）设置 SeekBar 的滑块和进度条颜色为红色，代码如下：

```
seekBar.getThumb().setColorFilter(Color.parseColor("#d81e06"), PorterDuff.
Mode.SRC_ATOP);
seekBar.getProgressDrawable().setColorFilter(Color.parseColor("#d81e06"),
PorterDuff.Mode.SRC_ATOP);
```

（12）当用户点击“播放 / 暂停”按钮时，根据播放器的状态执行相应的操作。如果播放器尚未启动，调用 musicControl.player() 方法开始播放音乐，并开始动画。如果播放器已暂停，调用 musicControl.continuePlayer() 方法继续播放音乐，并恢复动画。如果播放器正在播放，调用 musicControl.pausePlayer() 方法暂停播放音乐，并暂停动画。代码如下：

```
findViewById(R.id.imageButton).setOnClickListener(new View.OnClickListener()
{
    @Override
    public void onClick(View v) {
        if(!playerState &&!startFlag) {
            musicControl.player();
            animator.start();
            startFlag=true;
        } else if(!playerState) {
            musicControl.continuePlayer();
            animator.start();
            playerState=true;
        } else {
            musicControl.pausePlayer();
            animator.pause();
            playerState=false;
        }
    }
});
```

（13）可以根据需要为其他两个按钮添加功能，实现切换歌曲功能，这里为其他两个按钮设置了空的点击事件，代码如下：

```
findViewById(R.id.imageButton2).setOnClickListener(new View.OnClickListener() {
    @Override
    public void onClick(View v) {
    }
});
findViewById(R.id.imageButton3).setOnClickListener(new View.OnClickListener() {
    @Override
    public void onClick(View v) {
    }
});
```

（14）当用户拖动 SeekBar 时，调整音乐播放位置。若进度达到最大值，则暂停动画。

否则，调用 musicControl.seekTo(progress) 方法将音乐播放位置设置为 SeekBar 的当前进度。代码如下：

```
seekBar.setOnSeekBarChangeListener(new SeekBar.OnSeekBarChangeListener() {
    @Override
    public void onProgressChanged(SeekBar seekBar, int progress, boolean fromUser) {
        if(progress==seekBar.getMax()) {
            animator.pause();
        } else {
            musicControl.seekTo(progress);
        }
    }
    @Override
    public void onStartTrackingTouch(SeekBar seekBar) {
    }
    @Override
    public void onStopTrackingTouch(SeekBar seekBar) {
    }
});
```

（15）创建一个指向 MusicService 的意图，并使用自定义的 MyServiceConn 类实例化一个服务连接，然后使用 bindService() 方法绑定服务，代码如下：

```
intent=new Intent(Task15MusicPlayerActivity.this, MusicService.class);
conn=new MyServiceConn();
bindService(intent, conn, BIND_AUTO_CREATE);
```

（16）实现一个自定义的服务连接类，当服务连接时，将服务中的音乐控制器赋值给 musicControl 变量；当服务断开连接时，将 isUnbind 变量设置为 true，代码如下：

```
private class MyServiceConn implements ServiceConnection {
    @Override
    public void onServiceConnected(ComponentName name, IBinder service) {
        musicControl=(MusicService.MusicControl) service;
        isUnbind=false;
    }
    @Override
```

```
    public void onServiceDisconnected(ComponentName name) {
        isUnbind=true;
    }
}
```

（17）在活动销毁时，检查是否已解除服务绑定，若没有，则调用 unbindService() 方法解除服务绑定，代码如下：

```
@Override
protected void onDestroy() {
    super.onDestroy();
    if(!isUnbind) {
        unbindService(conn);
    }
}
```

（18）音乐播放器如图 16-2 所示。

图 16-2　音乐播放器

任务巩固——Android 后台完成复杂运算

复杂运算往往非常耗时，利用主线程做复杂运算往往会造成用户体验不佳。请利用后台对 1 到 100 的数进行累乘，并显示计算完成进度，如图 16-3 所示。

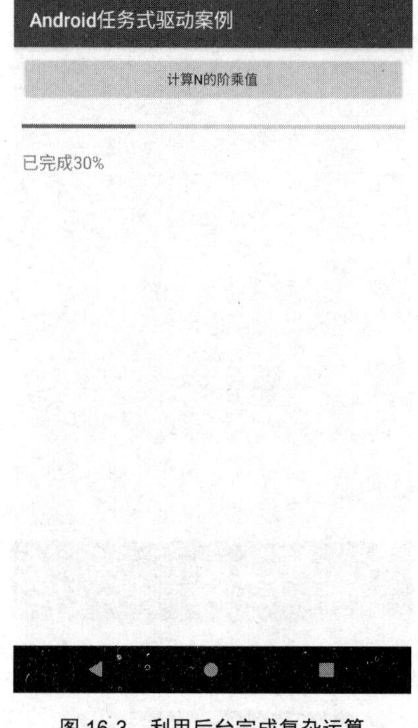

图 16-3　利用后台完成复杂运算

任务小结

（1）后台服务和前台服务都是服务的一种，但它们的定义略有不同。后台服务是指在后台运行的服务，不会与用户界面交互，通常用于执行长时间运行的任务。而前台服务是指用户可以看到和交互的服务，通常会在通知栏显示服务的状态。

（2）启动后台服务可以使用 startService() 方法，也可以使用 bindService() 方法来绑定服务。而启动前台服务必须使用 startForeground() 方法，并显示通知栏。

（3）前台服务必须在通知栏中显示服务的状态，以便用户可以随时查看服务的运行状态。通知栏应该包含服务的名称、图标和状态信息，如正在播放的歌曲名称。

（4）启动前台服务需要 android.permission.FOREGROUND_SERVICE 权限，这是一项特殊权限，只有在 Android 9.0（API 级别 28）及更高版本中才需要。在 Android 8.0（API 级别 26）及更低版本中，前台服务不需要特殊权限。